Sportwagen

Austin-Healey 3000 Mk III

Inhalt

1905–1945

Faszination auf vier Rädern

![Audi Alpensieger Typ C Fahrzeug]

Audi Alpensieger Typ C

Als August Horch 1910 die Audi-
Werke gründete, stellte er auch
hubraumstarke Wagen wie den
Typ C auf die Räder. Solch ein
Modell siegte von 1912 bis 1914
mehrfach bei der „Internationalen
Österreichischen Alpenfahrt",

Hubraum/Zylinder: 3564 ccm/4 Zyl.
PS/kW: 35/26
Bauzeit: 1912–1921
Stückzahl: –

damals eine der schwierigsten Langstreckenfahrten. Da
sich Erfolge schon immer gut vermarkten ließen, kam der
sportliche Wagen fortan unter der neuen Bezeichnung
„Alpensieger" in den Handel.

BMW 315/1

Auf der Berliner Automobilausstellung 1933 konnte man am Stand von BMW den Prototypen eines Sportroadsters mit besonders schöner Linienführung bewundern. Entgegen den Regeln wurde der Motor aber nicht mit zwei,

Hubraum/Zylinder: 1490 ccm/6 Zyl.
PS/kW: 40/29
Bauzeit: 1934–1935
Stückzahl: 230

sondern mit drei Vergasern bestückt. Aufgrund der positiven Resonanz lief 1934 die Serienfertigung des Wagens an – zu haben war das Schmuckstück für 5200 Reichsmark.

BMW 327

🖙 **Um Privatfahrern** einen preislich interessanten Sportwagen anbieten zu können, entwickelte BMW 1936 ein weiteres 2+2-sitziges Sportcabriolet. Dieser sogenannte BMW 327 basierte zum Teil auf dem 328, wurde aber nur mit einem 55-PS-Motor bestückt. Gegen Aufpreis war später auch das 80-PS-Aggregat zu bekommen – Fahrzeuge dieser Konfiguration kamen unter dem Kürzel BMW 327/28 auf den Markt.

Hubraum/Zylinder: 1971 ccm/6 Zyl.
PS/kW: 55/40
Bauzeit: 1937–1941
Stückzahl: 1306

BMW 328

In aller Stille entwickelte BMW
Mitte der 1930er Jahre diesen
Sportwagen, der schon bald für
große Aufmerksamkeit sorgen
sollte und BMW einen der
vordersten Plätze in der internationalen Renngeschichte

Hubraum/Zylinder: 1971 ccm/6 Zyl.
PS/kW: 80/59
Bauzeit: 1936–1939
Stückzahl: 464

sicherte. Zwar gehörte man bereits zu den renommiertesten
Automobilherstellern, doch da die Konkurrenz immer stärkere Modelle anbot, war es Zeit mit einem eigenen Spitzenmodell zu antworten.

Horch 670

Zu den automobilen Highlights,
die die Hersteller 1931 auf dem
Pariser Salon zeigten, gehörte
unter anderem auch ein elegantes
Sportcabriolet aus dem Hause
Horch. Horch war schon immer
in der Luxusklasse gut vertreten
gewesen, doch was man hier präsentierte, verschlug selbst
der Fachwelt den Atem: Der neue Horch 670 (Konkurrenzmodell zum Maybach Zeppelin) wurde von einem 12-Zylin-
der-Motor angetrieben.

Hubraum/Zylinder: 6021 ccm/12 Z.
PS/kW: 120/88
Bauzeit: 1931–1934
Stückzahl: ca. 80

Horch 853 A

1935 präsentierte Horch erstmals
die sogenannte Baureihe „Horch-
5-Liter". Ganz oben in dieser
Reihe rangierte als Prestigeobjekt
das Modell 853 A, das überwie-
gend zum flotten Sportcabriolet
„karossiert" wurde. Automobile
dieser Klasse waren für die damalige Highsociety ein
absolutes Muss. Wer wollte, ließ seinen 853 A sogar mit
einer Sonderkarosserie nach Wunsch bestücken – alles
war möglich.

Hubraum/Zylinder: 4944 ccm/8 Zyl.
PS/kW: 120/88
Bauzeit: 1938–1939
Stückzahl: ca. 1000

Mercedes 24/100/140 PS

Unter der Regie von Chefkonstrukteur Dr. Ferdinand Porsche begann bei der Daimler-Motoren-Gesellschaft 1921 eine neue Epoche: Porsche brachte die Kompressor-Technik zur Perfektion und entwickelte mit dem 24/100/140 PS ein besonders sportliches Automobil. Im normalen Fahrbetrieb gab sein Sechszylinder-Motor eine Leistung von 100 PS ab, bei zugeschaltetem Kompressor wurde das Potenzial auf 140 PS erhöht.

Hubraum/Zylinder: 6240 ccm/6 Zyl.
PS/kW: 100/73
Bauzeit: 1924–1925
Stückzahl: –

Mercedes-Benz K 24/110/160 PS

Als Weiterentwicklung des Merce-
des 24/100/140 PS entstand 1926
das Baumuster „K". Dieses sportliche Fahrzeug blieb auch nach
der Fusion der Firmen Daimler
und Benz unter der Modellbezeichnung Mercedes-Benz
K 24/110/160 PS im Programm. Da der „K" auf einem soliden
Chassis mit relativ kurzem Radstand basierte, ließen sich
ohne große Probleme verschiedene Karosserieaufbauten
realisieren.

Hubraum/Zylinder: 6240 ccm/6 Zyl.
PS/kW: 110/81
Bauzeit: 1928–1929
Stückzahl: –

Mercedes-Benz S 26/120/180 PS

Einen besseren Start hätte es für den Mercedes-Benz S kaum geben können – er feierte sein Debüt beim Eröffnungsrennen des Nürburgrings und krönte das sportliche Ereignis zugleich mit einem Doppelsieg! Technisch gesehen war der „S" eine verbesserte Weiterentwicklung des Typs 630 K. Ohne Kompressoreinsatz brachte der Motor 120 PS an die Hinterachse, mit Kompressor waren es 180 Pferdestärken.

Hubraum/Zylinder: 6800 ccm/6 Zyl.
PS/kW: 120/88
Bauzeit: 1926–1930
Stückzahl: 174

Mercedes-Benz Typ SS

Als Daimler-Benz dem Mercedes-Benz Typ S 1928 das Modell Typ SS gegenüberstellte, stand von vornherein fest, dass eine gewisse Anzahl an SS-Fahrgestellen mit Sonderkarosserien bestückt werden sollte. So hatten Kunden die Möglichkeit, ihrem SS eine ganz persönliche Note zu geben. Der hier gezeigte SS erhielt zum Beispiel einen von der italienischen Firma Castagna gefertigten Aufbau.

Hubraum/Zylinder: 7065 ccm/6 Zyl.
PS/kW: 170 (mit Kompressor 225)/ 125 bzw. 165
Bauzeit: 1928–1934
Stückzahl: 115

Mercedes-Benz SSK

Ohne Zweifel war ein Mercedes-
Benz SSK (= Super Sport Kurz)
damals der absolute Traumwagen
für sportlich ambitionierte Fahrer.
Der SSK – vom Prinzip her noch
immer auf dem Grundmodell
Typ S (Sport) basierend – verfügte

Hubraum/Zylinder:	7065 ccm/6 Zyl.
PS/kW:	140/103
Bauzeit:	1928–1932
Stückzahl:	42

über einen besonders kurzen Radstand. Diese Eigenschaft
machte ihn zu einem Sportgerät der Superlative. Rudolf
Caracciola und andere Rennfahrer fuhren mit dem SSK
regelmäßig Siege ein.

![Mercedes-Benz Typ 500 K]

Mercedes-Benz Typ 500 K

Sorgten Ende der 1920er Jahre die
Mercedes-Benz-Modelle S, SS
und SSK für Schlagzeilen in
der Motor-Presse, so hieß das
Euphorie auslösende Kürzel ab
1934 „500 K". Der sportliche
500 K traf den Nerv zahlungs-
kräftiger Kunden – er bot ihnen

Hubraum/Zylinder: 5018 ccm/8 Zyl.
PS/kW: 100 (mit Kompressor 160)/
73 bzw. 117
Bauzeit: 1934–1936
Stückzahl: 342

Eleganz und Komfort und überraschte mit beeindruckenden
Leistungen. Fahrtechnisch verwöhnte er erstmals mit einer
Einzelrad-Aufhängung.

Mercedes-Benz Typ 500 K Spezialroadster

Er war ein Meisterwerk der Form, elegant gestylt sowie sündhaft teuer – der 500 K Spezialroadster. Für diesen zweisitzigen Traum auf Rädern verwendete Daimler-Benz ein Fahrgestell mit verkürztem Radstand, denn nur so ließ sich die Form der Roadster-Karosserie optimal proportionieren. Anders als beim „normalen" 500 K wurde der wuchtige Kühler nicht vor, sondern direkt über der Vorderachse platziert.

Hubraum/Zylinder: 5018 ccm/8 Zyl.
PS/kW: 100 (mit Kompressor 160)/ 73 bzw. 117
Bauzeit: 1934–1936
Stückzahl: 38 Versionen auf kurzem Chassis

Mercedes-Benz Typ 540 K

Wie bei Luxusautomobilen früher
üblich setzte sich der Preis des
Fahrzeuges aus den Kosten für
das nackte Fahrgestell und den
Karosserieaufbau zusammen. Eine
Karosserie für den 540 K kostete
im Durchschnitt etwa 22000
Reichsmark – mehr als das Fahr-
gestell. Darüber hinaus erfüllte Daimler-Benz noch besondere
Kundenwünsche (Ausstattung, Lackierung etc.), die den Preis
abermals nach oben treiben konnten.

Hubraum/Zylinder: 5401 ccm/8 Zyl.
PS/kW: 115 (mit Kompressor 180)/
84 bzw. 132
Bauzeit: 1936–1939
Stückzahl: 406

Opel Rennwagen

 Mehr Sportlichkeit war um 1913 wohl kaum zu haben: Opel stellte einen 110 PS starken Zweisitzer auf recht hochbeinige Räder und bestückte das 4 Meter lange Modell mit einem Reihenmotor in Blockbauweise. Trotz des enormen Gewichts und der Verwendung schwerer Materialien (Grauguss für den Motorblock) erreichte der Renner 170 km/h!

Hubraum/Zylinder: 3970 ccm/4 Zyl.
PS/kW: 110/81
Bauzeit: 1913
Stückzahl: –

Wanderer W 25 K

Bei Wanderer, einer Marke der Auto Union AG, entstand 1936 ein interessanter Sportwagen, der dem BMW 328 Konkurrenz machen sollte – der Typ W 25 K. Um ihn besonders agil zu machen, erhielt der Motor zur Leistungssteigerung einen ständig mitlaufenden Kompressor. Damit wurde dem Aggregat leider mehr abverlangt, als es vertragen konnte, und die Garantiefälle häuften sich.

Hubraum/Zylinder: 1950 ccm/6 Zyl.
PS/kW: 85/62
Bauzeit: 1936–1939
Stückzahl: 258

Alvis 12/75 F.W.D.

1919 siedelte sich in Coventry – damals Hochburg der britischen Automobilindustrie – unter anderem die Firma Alvis an. Alvis setzte sich zum Ziel, nur qualitativ hochwertige und vor allem sportlich angehauchte Fahrzeuge auf den Markt zu bringen. Mutig, wie das Unternehmen war, versuchte es, bereits 1928 einen Wagen mit dem noch relativ unbekannten Frontantrieb zu etablieren.

Hubraum/Zylinder: 1482 ccm/4 Zyl.
PS/kW: 50/37
Bauzeit: 1928–1929
Stückzahl: –

Aston Martin 1.5 Litre

Lionel Martin und Richard Bamford befassten sich 1908 mit dem Gedanken, einmal einen „richtigen" Sportwagen auf die Räder zu stellen. Anfangs bedienten sie sich für ihre Experimente der Fahrgestelle von Isotta-Fraschini, bevor sie

Hubraum/Zylinder: 1493 ccm/4 Zyl.
PS/kW: 60/44
Bauzeit: 1934–1936
Stückzahl: –

1922 den Schritt in die Selbständigkeit wagten und unter dem Markennamen Aston Martin ihre ersten Vierzylinder-Wagen mit selbst gefertigten Chassis auf den Markt brachten.

Bentley 4 1/2 Liter Blower

Obwohl die Bentley der 4 1/2-Liter-Klasse viele Siege einfuhren, waren diese Modelle für Spötter nichts anderes als „schnelle Lastwagen". W. O. Bentley konnte Kritik vertragen und es machte ihm Freude zu zeigen, was für

Hubraum/Zylinder: 4398 ccm/4 Zyl.
PS/kW: 182/133
Bauzeit: 1927–1931
Stückzahl: 55

ein Potenzial in seinen Wagen steckte. Mithilfe der Kompressor-Technik, wie sie beim „Blower-Bentley" zum Einsatz kam, entlockte er den Motoren noch mehr Power.

![Bentley 4 1/2 Liter Blower]

Bentley 6 1/2 Liter

In den 1920er Jahren entstanden zwar viele Automobile mit traumhaften Sonderkarosserien, doch deren sportliches Äußeres konnte nicht darüber hinwegtäuschen, dass es den Fahrzeugen oft an Agilität mangelte – sie waren zu schwer. Aus diesem Grund entwickelte Bentley einen besonders kräftigen 6,5-Liter-Motor, mit dem die größeren Wagen mit langem Radstand bestückt wurden.

Hubraum/Zylinder: 6597 ccm/6 Zyl.
PS/kW: 145/106
Bauzeit: 1926–1930
Stückzahl: 363

Frazer Nash TT

Der Brite Archie Frazer-Nash baute ab 1924 sportliche Zweisitzer, die er als Novum mit einem „Chain Drive", einem Kettengetriebe, ausstattete. Motoren fertigte er nicht selbst – lieber griff er auf Aggregate namhafter Hersteller zurück.

Hubraum/Zylinder:	1496 ccm/4 Zyl.
PS/kW:	62/45
Bauzeit:	1937
Stückzahl:	–

Wichtig war, dass sie sich hervorragend tunen ließen. Nach dem Zweiten Weltkrieg spezialisierte sich Frazer-Nash auf den Import von BMW-Wagen.

(Jaguar) SS 1–16 HP Coupé

Die Geschichte von Jaguar begann 1922, als William Lyons die Swallow Sidecar Company gründete und sich mit dem Bau von Motorrad-Seitenwagen befasste. Als er 1928 nach Coventry umzog, wurde der Automobilbau vorbereitet, und bereits 1931 verließ der Sportwagen SS 1 die Fabrikhallen. Im Rahmen der Modellpflege erhöhte man bald die Motorleistung und rundete die Modellpalette nach oben hin ab.

Hubraum/Zylinder: 2054 ccm/6 Zyl.
PS/kW: 48/35
Bauzeit: 1931–1936
Stückzahl: 4230

(Jaguar) SS 1–20 HP Airline

Um das optische Erscheinungsbild
seiner Wagen zu verbessern, entwickelte Lyons für den Modelljahrgang 1932 ein besonders
niedriges Fahrgestell, das dazu
beitragen sollte, die Gürtellinie
der Modelle zu senken. Auf dem
neuen Chassis ließen sich außerdem ohne großen Aufwand
bildhübsche Sonderkarosserien montieren – wie dieses Air-
line-Coupé von 1936 nachdrücklich unter Beweis stellt.

Hubraum/Zylinder: 2552 ccm/6 Zyl.
PS/kW: 62/45
Bauzeit: 1933–1936
Stückzahl: 573

(Jaguar) SS 2–12 HP

Parallel zu den sechszylindrigen SS-Modellen baute Lyons diverse Vierzylinder-Wagen. Grundmodell dieser Reihe war der kleine SS 2 (9 HP). Ihn gab es bis 1933 nur als Coupé. Im Rahmen der Modellpflege wurde die Leistung permanent angehoben, später avancierte der Wagen zum Modell SS 2–12 HP. Alle ab 1932 gefertigten Modelle profitierten darüber hinaus von der Verwendung eines neuen Fahrgestells.

Hubraum/Zylinder: 1608 ccm/4 Zyl.
PS/kW: 38/28
Bauzeit: 1933–1936
Stückzahl: ca. 1800

Jaguar SS 100

1935 wurde von William Lyons der Markenname Jaguar eingeführt. Das erste Modell, das diesen Namen tragen durfte, war der zweisitzige Sportwagen Jaguar SS 100. Er erreichte die für damalige Verhältnisse beachtens-

Hubraum/Zylinder: 2663 ccm/6 Zyl.
PS/kW: 102/75
Bauzeit: 1936–1939
Stückzahl: ca. 310

werte Höchstgeschwindigkeit von 160 km/h (entspricht 100 Meilen). Die erste Baureihe des SS 100 wurde mit einem 2,6-Liter-Motor bestückt – das 3,5-Liter-Aggregat war ab 1938 zu haben.

Lagonda M 45

Für Käufer, die etwas Besonderes
suchten, hielt Lagonda ab 1933
mit dem M 45 einen außerordent-
lich eleganten Wagen bereit. Er
machte nicht nur auf der Straße,
sondern auch auf der Rennstrecke
eine gute Figur. Erste Siege wur-
den 1934 bei der Tourist Trophy eingefahren. Ein Jahr
später gewann ein M 45 bei einer Durchschnittsgeschwindig-
keit von ungefähr 124 km/h die 24 Stunden von Le Mans.

Hubraum/Zylinder: 4467 ccm/6 Zyl.
PS/kW: 140/102,5
Bauzeit: 1933–1936
Stückzahl: –

Lagonda Rapide V 12

1936 überraschte Lagonda die Automobilwelt mit einem V12-Zylinder-Wagen, der auf einem völlig neu entwickelten Chassis basierte. Dieser Unterbau bestand aus einem kreuzverstrebten Rahmen und einer zusätzlichen Verstärkung im Heckbereich. Während die Hinterräder durch konventionelle Halbelliptikfedern abgestützt wurden, bekam der Wagen vorn eine höchst moderne Torsionsstabfederung.

Hubraum/Zylinder:	4480 ccm/12 Z.
PS/kW:	175/129
Bauzeit:	1938–1939
Stückzahl:	189

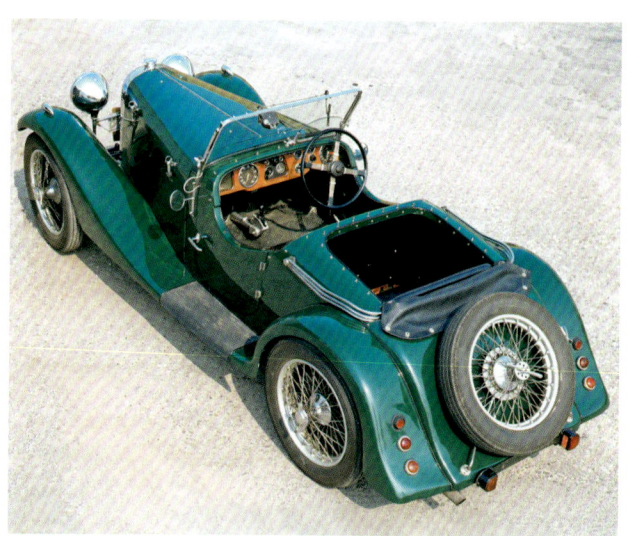

Lagonda Rapier Typ 10

Für einen Hersteller von Sportwagen war es nicht ungewöhnlich, auch kleinere Modelle der unteren Hubraumklassen zu führen. So brachte auch Lagonda ein flottes Modell für Einsteiger auf den Markt, den Rapier. Hochwertig und solide wie jeder Lagonda kostete der Rapier etwa 375 Britische Pfund. Von der Größe her ähnelte er einem MG oder Singer, besaß aber den höheren Prestigewert.

Hubraum/Zylinder: 1086 ccm/4 Zyl.
PS/kW: 55/40
Bauzeit: 1934–1939
Stückzahl: ca. 470

MG 14/40 HP

Cecil Kimber, Inhaber einer Morris-Vetretung, verstand es, biedere Morris-Wagen durch Tuning schneller zu machen. 1923 war es soweit – das Debüt seines ersten eigenen Automobils namens MG stand kurz bevor. Den Namen MG wählte er in Anlehnung an den Namen seiner Werkstatt „Morris Garage". Und in eben dieser Garage entstanden kurze Zeit später auch die ersten MG-Serienmodelle.

Hubraum/Zylinder: 1802 ccm/4 Zyl.	
PS/kW: 40/30	
Bauzeit: 1924–1929	
Stückzahl: –	

MG Typ TA Midget

Weil MG-Modelle mit vielen Großserien-Bauteilen ausgestattet wurden, konnte das Werk seine Sportwagen zu besonders attraktiven Preisen anbieten. Man verzichtete bewusst auf eine eigene Karosseriebauabteilung und ließ

Hubraum/Zylinder: 1292 ccm/4 Zyl.
PS/kW: 52/38
Bauzeit: 1936–1939
Stückzahl: ca. 3000

die Aufbauten für 6 Pfund pro Stück von der Firma Carbodies fertigen. Luxus war kaum gewünscht, schließlich sollte ein MG ein finanziell überschaubares Vergnügen bleiben.

Morgan Sports

Weil H.S.F. Morgan Zweiräder
als zu unsicher empfand, entwarf
er ein Dreirad, mit dem er den
Grundstein zu einer Firma legte,
die noch heute Sportwagen baut.
Morgans Konzept war einfach
und genial: Das Gefährt basierte
auf einem aus drei Rohren bestehenden Rahmen. Ein V2-
Zylinder brachte die Konstruktion in Bewegung, und je
nach Motorleistung konnte man mit den „Threewheelern"
sogar Rennen gewinnen.

Hubraum/Zylinder:	990 ccm/2 Zyl.
PS/kW:	32/23
Bauzeit:	1931–1934
Stückzahl:	–

Morris Ten/6

Eigentlich hatte sich Morris nach dem Debüt des kleinen „Eight" auf eine Jahresproduktion von 35000 Einheiten vorbereitet. Eine Fehleinschätzung, denn schon im ersten Jahr lagen 50000 Bestellungen vor. Zudem verlangten die Kunden eine sportlichere Variante: Morris reagierte prompt und entwickelte auf der Basis des „Eight" den hübschen Ten/6.

Hubraum/Zylinder: 1378 ccm/6 Zyl.
PS/kW: 38/28
Bauzeit: 1934–1935
Stückzahl: –

Singer 9 HP Le Mans

Unter den sportlich konzipierten Automobilen in der Hubraum-klasse bis 1 Liter genoss der Singer Le Mans einen ganz besonders guten Ruf. Das Potenzial, das in seiner kleinen Maschine steckte, war für jeden Tuner geradezu eine Herausforderung. Singer verlangte für das Wägelchen bescheidene 225 Britische Pfund – zu solch einem interessanten Kurs war selbst ein MG nicht zu haben.

Hubraum/Zylinder: 972 ccm/4 Zyl.
PS/kW: 39/29
Bauzeit: 1935–1937
Stückzahl: –

Bugatti 35 A

Bugattis legendärer Grand-Prix-Wagen, der Typ 35, basierte auf einem sich nach hinten hin verjüngenden Fahrgestell. Dadurch erhielt der Wagen seine markante Heckpartie, das sogenannte „Bootsheck". Vorn platzierte man stets einen hufeisenförmigen Kühler, dessen Form den Modellen entsprechend leicht variiert wurde. Für Privatfahrer hielt Bugatti als Alternative den Typ 35 A bereit.

Hubraum/Zylinder: 1991 ccm/8 Zyl.
PS/kW: 75/55
Bauzeit: 1926–1930
Stückzahl: 130

Bugatti Typ 57

Mit der Entwicklung des Typs 57 begann bei Bugatti eine neue Zeitrechnung, denn Ettores Sohn Jean hatte an der Konstruktion dieses Modells einen nicht unerheblichen Anteil. Das Ergebnis der Gemeinschaftsarbeit wurde von der Fachpresse positiv aufgenommen: Sie hielt den Typ 57 mit seinem kultiviert laufenden Achtzylinder-Motor für den gebrauchstüchtigsten Bugatti aller Zeiten.

Hubraum/Zylinder: 3257 ccm/8 Zyl.
PS/kW: 135/99
Bauzeit: 1934–1940
Stückzahl: ca. 700 (gesamte Baureihe)

Peugeot Darl'Mat Sport

Der Pariser Peugeot-Händler Emile Darl'Mat stellte 1936 einen nach seinen Vorstellungen gebauten Sportwagen auf die Räder. Als Basis diente ihm das Chassis des Peugeot 302 mit 288 Zentimetern Radstand. Angetrieben wurde der etwa 160 km/h schnelle Darl'Mat von einem getunten Vier-zylinder-Motor aus dem Peugeot 402.

Hubraum/Zylinder: 1991 ccm/4 Zyl.
PS/kW: 87/64
Bauzeit: 1936–1938
Stückzahl: 3

Alfa Romeo RM Sport

Der 1922 vorgestellte Alfa Romeo RL
war nicht nur das erste mit einem
Sechszylinder-Motor ausgestattete
Modell dieser Marke, sondern vor
allem ein Automobil, an dem
sportlich versierte Wettbewerbs-
fahrer ihre Freude hatten. Bereits

Hubraum/Zylinder: 1944 ccm/4 Zyl.	
PS/kW: 40/30	
Bauzeit: 1923–1925	
Stückzahl: –	

ein Jahr später wurde auf Grundlage des RL der hier gezeigte
RM entwickelt. Er wurde auf die Bedürfnisse des Privatfah-
rers abgestimmt und mit einem Vierzylinder bestückt.

Alfa Romeo 6 C 1750 Sport

Vittorio Jano, ein ehemaliger Fiat-Ingenieur, der später zu Alfa Romeo wechselte, entwickelte für den Modelljahrgang 1929 einen leistungsstarken Kompressor-Wagen, den Alfa Romeo 6 C 1750. Der 6 C war für den Sporteinsatz geradezu prädestiniert. Fahrer wie Campari, Nuvolari und Varzi fuhren mit ihm immer wieder Siege ein. Für Privatfahrer wurde der 6 C auf Wunsch auch ohne Kompressor geliefert.

Hubraum/Zylinder: 1752 ccm/6 Zyl.
PS/kW: 55/40
Bauzeit: 1929–1933
Stückzahl: ca. 320 (gesamte Baureihe)

Alfa Romeo 6 C 2300 MM

Enzo Ferrari leitete von 1929 bis 1939 bei Alfa Romeo die Renn-abteilung und von den Siegen, die das Werksteam regelmäßig einfuhr, profitierte auch die Fahrzeugentwicklung. Mitten in dieser Zeit debütierte das Modell 6 C 2300, eine speziell für den Privatfahrer gebaute Modell-variante, die in den Typen Turismo, Gran Turismo und Pescara angeboten wurde.

Hubraum/Zylinder: 2309 ccm/6 Zyl.
PS/kW: 95/70
Bauzeit: 1935–1939
Stückzahl: –

Alfa Romeo 2300 Le Mans

Alfa Romeo stieg in den 1930er Jahren zum Inbegriff technisch anspruchsvoller und avantgardistischer Automobile auf, einer Avantgarde, die sich unter anderem in eleganten Entwürfen wie dem Alfa Romeo 2300 Le Mans manifestiert. Die Fachleute waren sich einig: „Dieser Alfa Romeo ist stilistisch und aerodynamisch seiner Zeit mindestens ein Jahrzehnt voraus".

Hubraum/Zylinder: 2336 ccm/8 Zyl.
PS/kW: 142/104
Bauzeit: 1931–1934
Stückzahl: –

Fiat 130 HP

Giovanni Agnelli, ein ehemaliger
Kavallerieoffizier, wurde 1902
zum Geschäftsführer von F.I.A.T.
gewählt. Er galt als ein Mann
großer Ideen und brachte das
Unternehmen schon ein Jahr
später an die Börse. Unter seiner
Regie produzierte man bald auch Nutzfahrzeuge und
– wichtig für den Imagegewinn – hubraumstarke Rennwagen wie den 130 HP.

Hubraum/Zylinder: 10082 ccm/4 Z.
PS/kW: 60/44
Bauzeit: 1907
Stückzahl: –

Fiat 508 S Balilla Sport

Mit einer Spitze von 110 km/h war Fiats Balilla Sport kein besonders schnelles Fahrzeug, aber es war sicher eines der schönsten seiner Klasse. Die zweisitzige Spider-Karosserie wurde am Zeichenbrett des Karossiers Ghia entworfen – wer noch mehr Frischluft spüren wollte, konnte die kleine Windschutzscheibe umlegen. Nach einer Motorrevision erhielten die ab 1935 gebauten Modelle 6 PS mehr Leistung.

Hubraum/Zylinder: 995 ccm/4 Zyl.
PS/kW: 36/26
Bauzeit: 1933–1936
Stückzahl: 113 145 (gesamte Bau-reihe)

Lancia Astura

„Design enthüllt das innere Wesen einer Sache", hat Vincenzo Lancia einmal gesagt. Getreu dieser Maxime ließ er seine Fahrgestelle mit elegant geformtem Blech verkleiden, und viele namhafte Karossiers arbeiteten für sein Unternehmen. Mit den Luxusmodellen der 1920er und 1930er Jahre, dem Dilambda und dem Astura, etablierte sich Lancia als Marke für die Reichen, Schönen und Berühmten.

Hubraum/Zylinder: 2972 ccm/8 Zyl.
PS/kW: 82/60
Bauzeit: 1933–1939
Stückzahl: –

Chrysler Imperial Speedster

Walter P. Chrysler beschäftigte
sich von Kindesbeinen an mit
Automobiltechnik. Schon als
Jugendlicher setzte er erste Kon-
struktionspläne in die Tat um.
Und Chrysler war mehr als ein
begnadeter Techniker, auch von
der kaufmännischen Seite des Gewerbes verstand er eine
Menge. Im Alter von 36 Jahren übernahm er bei General
Motors eine Führungsrolle, um dort die Buick-Abteilung
auf Vordermann zu bringen.

Hubraum/Zylinder: 6308 ccm/8 Zyl.
PS/kW: 135/99
Bauzeit: 1932
Stückzahl: –

Cord 812

Entsprechend dem ersten Cord, dem L 29, reihte sich auch das zweite Modell dieser amerikanischen Marke in die Klasse der Luxuswagen ein. Anders als beim L 29 (Reihen-Achtzylinder-Motor) wählte man hier einen V8-Motor, der zwecks Leistungssteigerung mit einem Kompressor bestückt werden konnte. Zu den Besonderheiten des Cord 812 zählte das elektromagnetische Getriebe – eine Art Halbautomatik.

Hubraum/Zylinder: 4730 ccm/8 Zyl.
PS/kW: 175/128
Bauzeit: 1937
Stückzahl: 2320 (alle Modelle)

Duesenberg SJ

Neben Limousinen, Cabriolets und Roadstern kreierte Duesenberg auch Modelle, die in erster Linie im Wettbewerbssport die Leistungsfähigkeit der Marke unter Beweis stellen sollten. Per Kompressor-Unterstützung wurde die Motorkraft nochmals angehoben – der mit zwei obenliegenden Nockenwellen bestückte Achtzylinder erreichte dadurch eine Spitze von 208 km/h.

Hubraum/Zylinder:	6882 ccm/8 Zyl.
PS/kW:	320/235
Bauzeit:	1933–1937
Stückzahl:	–

1945–1970

Kultobjekte der Automobilgeschichte

BMW 503 Coupé

 Während der zweisitzige Roadster
BMW 507 zuerst in den USA
präsentiert wurde, feierte der
größere BMW 503 sein Debüt
auf der Frankfurter IAA, wo
er sich gleich im Doppel – als
Cabriolet und Coupé – dem Publi-
kum zeigte. Die Presse war sich einig: „Es gibt keinen Protz,
sondern edle Rasse hinter beinahe bescheidenen Formen, die
ein Äquivalent zum herrlichen Achtzylinder-Motor bilden …".

Hubraum/Zylinder: 3168 ccm/8 Zyl.
PS/kW: 140/103
Bauzeit: 1955–1960
Stückzahl: 412

BMW 503 Cabriolet

Die distinguierte Eleganz des BMW 503 sprach genau die Klientel an, die BMW mit diesem Modell im Auge gehabt hatte: Die High-society. Schließlich musste man recht wohlhabend sein, um Coupé oder Cabriolet, die beide gleicher-maßen 29 500 DM kosteten, zu erstehen. Vorn saß man übrigens auf bequemen Einzelsitzen, im Fond gab es wahlweise zwei Notsitze oder einen quer (!) eingebauten Einzelsitz.

Hubraum/Zylinder: 3168 ccm/8 Zyl.
PS/kW: 140/103
Bauzeit: 1955–1960
Stückzahl: 412

BMW 507

„BMW hat in der Klasse hochkarä-
tiger Sportwagen die Italiener
geschlagen", frohlockte ein Fach-
magazin 1955 zur Premiere des
Sportroadsters BMW 507. Erste
konkrete Überlegungen zum Bau
des Zweisitzers hatte es schon
1954 gegeben, und Albrecht Graf Goertz, der Designer des
Schmuckstücks, sah gleich noch eine größere viersitzige
Variante vor, die unter dem Kürzel 503 gebaut werden sollte.

Hubraum/Zylinder: 3168 ccm/8 Zyl.
PS/kW: 150/110
Bauzeit: 1955–1959
Stückzahl: 254

BMW 2000 CS

Mit dem eleganten Modell 2000 CS führte BMW ab 1966 ein Coupé im Programm, das zwar im Hause entwickelt, aber außer Haus – bei Karmann in Osnabrück – gebaut wurde. Besonders viel Sorgfalt widmeten die Designer der Gestaltung des exklusiven Interieurs. Während die 2-Liter-Modelle mit einem Vierzylinder bestückt wurden, erhielten die Wagen ab 2,8 Litern Hubraum einen Sechszylinder-Motor.

Hubraum/Zylinder: 1990 ccm/4 Zyl.
PS/kW: 120/88
Bauzeit: 1966–1969
Stückzahl: –

BMW 3.0 CSi

Als das BMW 2000 CS Coupé
(4 Zylinder) 1968 zum 2800 CS
(6 Zylinder) herangereift war,
hatte es dank der verlängerten
Motorhaube und anderer optischer
Retuschen eine wesentlich ausge-
glichenere Form erhalten. Der ab
1971 gefertigte 3.0 CSi wurde sogar mit einem durchzugskräftigen Einspritzmotor bestückt – die an die Hinterachse
gebrachten 220 PS sorgten für eine Spitze von 220 km/h.

Hubraum/Zylinder: 2985 ccm/6 Zyl.
PS/kW: 220/161
Bauzeit: 1971–1975
Stückzahl: –

Mercedes-Benz 300 SL

Die Idee, den 300 SL auch als Straßenversion zu bauen, stammte von Max Hoffman. Hoffmann, der in den USA mit europäischen Fahrzeugen handelte, ging davon aus, 1000 straßentaugliche Exemplare verkaufen zu können. Seine Argumente überzeugten schließlich, und so erblickte die erste Straßenversion des 300 SL im Februar 1954 auf der New-Yorker-Motorshow das Licht der Automobilwelt.

Hubraum/Zylinder: 2996 ccm/6 Zyl.
PS/kW: 215/158
Bauzeit: 1954–1957
Stückzahl: 1400

Mercedes-Benz 300 SL

Das Prinzip des Gitterrohrrahmens, auf dem der 300 SL basiert, kommt aus dem Flugzeugbau, denn Konstruktionen dieser Art gelten als besonders stabil. Die Verwendung des Gitterrohr- rahmens erlaubte ferner eine

Hubraum/Zylinder: 2996 ccm/6 Zyl.
PS/kW: 215/158
Bauzeit: 1954–1957
Stückzahl: 1400

weitere eindrucksvolle Konstruktion, die der Flügeltüren. Um aber für den Roadster einen bequemen Einstieg schaffen zu können, musste die Rahmenkonstruktion etwas modifiziert werden.

Mercedes-Benz 300 SL Roadster

1957 wurde der Flügeltürer vom
300 SL Roadster abgelöst. Ab
1958 bot Daimler-Benz für den
Wagen optional ein Hardtop an.
SL-Besitzer sollten schließlich
bei jedem Wetter die Fahrfreude
genießen können. Zu den Enthusi-
asten, die einen SL bewegten, gehörten neben Privatpersonen
auch Prominente wie Zsa Zsa Gabor, der Herzog von Edin-
burgh, Schah Reza Pahlevi oder Elvis Presley.

Hubraum/Zylinder: 2996 ccm/6 Zyl.
PS/kW: 215/158
Bauzeit: 1957–1963
Stückzahl: 1858

Mercedes-Benz 190 SL

Darauf hatten Kaufinteressenten und Automobil-Enthusiasten lange gewartet: 1955, anlässlich des Genfer Salons, zeigte Daimler-Benz endlich die serienreife Ausführung des 190 SL. Wie man den Prospekten entnehmen konnte, war der 190 SL nicht wie der 300 SL als reinrassiger Sportwagen konzipiert worden. Der zweisitzige 190 SL gehörte in die Gruppe sportlich eleganter Reise- und Gebrauchsfahrzeuge.

Hubraum/Zylinder: 1897 ccm/4 Zyl.
PS/kW: 105/77
Bauzeit: 1955–1963
Stückzahl: 25881

Mercedes-Benz 230 SL

Mit dem 230 SL zeigte Daimler-Benz 1963 auf dem Genfer Salon den offiziellen Nachfolger des 300 SL. Sein Erscheinungsbild war recht ungewohnt, denn das Dach – genauer gesagt das Hard-top – senkte sich zur Fahrzeug-mitte hin pagodenförmig ab. Es sprach sich aber schnell herum, dass die zweite SL-Generation ein hervorragender Reisewagen war, der mühelos eine Spitze von 200 km/h erreichen konnte.

Hubraum/Zylinder:	2306 ccm/6 Zyl.
PS/kW:	150/110
Bauzeit:	1963–1971
Stückzahl:	48912

Opel GT

1965 zeigte Opel auf der IAA ein vom Kadett abgeleitetes Coupé, das mit einem 1,9-Liter-Motor bestückt wurde. Im Laufe der kommenden Jahre wurde dieses Concept-Car weiter zur Vollendung gebracht, bis es schließlich 1968 unter dem Namen Opel GT seine Premiere feierte. Die Karosserie des GT wurde übrigens in Frankreich gefertigt, die Montage erfolgte im Werk Bochum.

Hubraum/Zylinder: 1897 ccm/4 Zyl.
PS/kW: 90/66
Bauzeit: 1968–1973
Stückzahl: 103373

Porsche 356

Ferdinand „Ferry" Porsche (am
27. März 1998 im Alter von
88 Jahren verstorben) und seine
Mitarbeiter hatten während des
Krieges in dem nach Gmünd in
Kärnten verlagerten Betrieb das
Projekt mit der Entwicklungsnum-
mer 356 begonnen. Am 17. Juli 1947 entstanden die ersten
Konstruktionszeichnungen, am 8. Juni 1948 erteilte die
damalige Kärntner Landesregierung eine Einzelgenehmigung
zur Zulassung des Wagens.

Hubraum/Zylinder:	1131 ccm/4 Zyl.
PS/kW:	40/29
Bauzeit:	1948
Stückzahl:	Einzelstück

Porsche 356 A Cabriolet

Der erste Sportwagen der Marke
Porsche wurde von einem modi-
fizierten 1,1-Liter-Volkswagen-
Motor angetrieben. Die luftgekühlte
Maschine, die sonst nur im VW-
Käfer ihren Dienst verrichtete,
verhalf dem Porsche 356 zu einer
Spitze von 135 km/h. Ihre Leistungsabgabe lag anfangs bei
bescheidenen 35 PS. Im Rahmen der Weiterentwicklung wurde
die Motorleistung kontinuierlich angehoben.

Hubraum/Zylinder: 1588 ccm/4 Zyl.
PS/kW: 115/85
Bauzeit: 1959–1960
Stückzahl: –

Porsche 356 C Carrera Coupé

Bis zum Produktionsende des 356 im Jahre 1965 hatten 78000 Käufer in aller Welt Gefallen an Ferry Porsches Auto gefunden. Weitere Sportwagen, allen voran der 911, ließen die Marke zu einem der renommiertesten Automobilhersteller avancieren, bei dem stets gelungenes Design sowie wegweisende und zuverlässige Technik im Mittelpunkt standen und noch stehen.

Hubraum/Zylinder: 1966/4 Zyl.
PS/kW: 130/96
Bauzeit: 1963–1965
Stückzahl: –

Porsche 911 2.0

Als 1964 der Porsche 911 in Produktion ging, lag sein Verkaufspreis bei 21900 DM. Dafür erhielt der Kunde einen reinrassigen Sportwagen mit 130 PS Leistung und einer Höchstgeschwindigkeit von 210 km/h. Wie beim Vorgängermodell, dem Porsche 356, platzierte man im Heck wieder einen luftgekühlten Boxermotor, diesmal allerdings kein Vierzylinder- sondern ein Sechszylinder-Aggregat.

Hubraum/Zylinder: 1991 ccm/6 Zyl.
PS/kW: 130/96
Bauzeit: 1964–1968
Stückzahl: –

Porsche Typ 718/8 RS Spyder

Der 718/8 sah 1962 viele Rennstrecken Europas, und Porsche
führte ihn sogar im fernen
Kalifornien vor. Seine Premiere
erlebte der Wagen bereits 1961,
als er noch mit einem Vierzylinder-Motor bestückt war. Viele
Erkenntnisse, die mit diesem 260 km/h schnellen Modell
gesammelt wurden, flossen später in die Entwicklung des
Coupés 904 GTS ein.

Hubraum/Zylinder: 1981 ccm/8 Zyl.
PS/kW: 210/154
Bauzeit: 1962
Stückzahl: –

Porsche 904 GTS

Der 904 GTS oder auch Carrera GTS genannte Wagen war Porsches erstes Fahrzeug, das mit einer Kunststoffkarosserie bestückt wurde. Um im Wettbewerb in der Klasse der GT-Wagen starten zu können, musste das Modell in 100 Exemplaren als Straßenversion (Vierzylinder-Motor) gebaut werden. Wie bei Porsche üblich, ging der größte Teil des 263 km/h schnellen Wagens in die USA (43 Stück).

Hubraum/Zylinder: 1966 ccm/4 Zyl.
PS/kW: 180/132
Bauzeit: 1963–1965
Stückzahl: 100

Veritas 90 SPC

Der kleine Sportwagenhersteller
Veritas war ursprünglich im
badischen Messkirch beheimatet,
verlegte seinen Firmensitz ab
1951 aber an den Nürburgring.
Hier entstanden in Kleinstauflage
verschiedene Sportwagenmodelle,
die größtenteils mit BMW-Technik bestückt wurden. Der
Exklusivität eines Veritas angemessen, zählten die Sportwagen aus der Eifel nicht eben zu den günstigsten Produkten.

Hubraum/Zylinder: 1988 ccm/6 Zyl.
PS/kW: 100/73
Bauzeit: 1949–1950
Stückzahl: –

VW-Porsche 914-6

1969 wurde der Typ 914 als VW-Porsche der Öffentlichkeit präsentiert. Von der Bauweise her handelte es sich um einen Mittelmotor-Sportwagen mit herausnehmbarem Dach, der zuerst mit einem Einspritzmotor von VW (4 Zylinder und 1,7 Liter Hubraum) bestückt wurde. Eine bissigere Alternative war der 914-6. Unter seiner Haube arbeitete ein modifizierter 2-Liter-Porsche-Motor mit 6 Zylindern.

Hubraum/Zylinder: 1991 ccm/6 Zyl.
PS/kW: 110/81
Bauzeit: 1969–1972
Stückzahl: 3332

AC Ace Bristol

John Tojeiro, seines Zeichens Rennwagenkonstrukteur, entwickelte Anfang der 1950er Jahre diesen eleganten Sportwagen, der bei der britischen Firma AC ab 1953 gebaut wurde. Zunächst debütierte das 86 PS starke Modell AC Ace, bevor 1956 der mit einem Bristol-Motor bestückte AC Ace Bristol ins Programm genommen wurde. Dank Leichtbauweise (Alukarosserie) lief die Bristol-Variante 200 km/h.

Hubraum/Zylinder: 1971 ccm/6 Zyl.
PS/kW: 130/96
Bauzeit: 1956–1963
Stückzahl: ca. 465

AC Aceca

Für Enthusiasten, die einen Sportwagen mit festem Dach suchten,
hielt AC mit dem Modell Aceca
ein elegantes Coupé bereit. Der
Aceca war nichts anderes als die
geschlossene Ausgabe des Ace
Bristol Cabrios, profitierte aber
aufgrund seiner Konzeption von einer praktischen Heckklappe. Ab 1957 ließ sich der Aceca übrigens gegen
Aufpreis mit vorderen Scheibenbremsen ausrüsten.

Hubraum/Zylinder: 1971 ccm/6 Zyl.
PS/kW: 130/96
Bauzeit: 1954–1963
Stückzahl: ca. 170

AC Cobra 427

Für Sportwagenexperten ist der Cobra 427 nach wie vor das brutalste Auto, das je für den Straßenverkehr zugelassen wurde. Um diesen vor Kraft strotzenden Boliden auf der Straße halten zu können, wurde sein Chassis kon-sequent überarbeitet und optimiert. Eine Spitze von 240 km/h konnte der Hersteller bereits für die kleinste Motorisierungs-stufe garantieren – das Limit nach oben war offen.

Hubraum/Zylinder: 6997 ccm/8 Zyl.
PS/kW: 425/311
Bauzeit: 1965–1968
Stückzahl: 410

![Aston Martin DB 2]

Aston Martin DB 2

David Brown, ein britischer Indus-
trieller, übernahm 1947 die Aston-
Martin-Werke. Er sanierte das
finanziell angeschlagene Unternehmen und lancierte ein Jahr
später eine neue Baureihe. 1948
erschien mit dem DB 1 (DB stand
für David Brown) ein recht barock aussehender Sportwagen.
Der Nachfolger DB 2 mit modernerer Linienführung zeigte
wesentlich mehr Eleganz.

Hubraum/Zylinder: 2580 ccm/6 Zyl.
PS/kW: 108/79
Bauzeit: 1951–1953
Stückzahl: –

Aston Martin DB 2-4 Mk III

1957 präsentierte Aston Martin die definitive Vollendung des DB 2-4, den Mk III. Gegenüber den Vorgängern erhielt der Motor des Mk III einen neu konstruierten Zylinderkopf. Außerdem gab es ein leicht modifiziertes Fahrwerk und auf Wunsch Scheibenbremsen. Im Rahmen der Modellpflege wurde ferner das Interieur aufgewertet und das Armaturenbrett u.a. mit abgeschirmten Instrumenten neu gestaltet.

Hubraum/Zylinder: 2922 ccm/6 Zyl.
PS/kW: 164/121
Bauzeit: 1957–1959
Stückzahl: –

Aston Martin DB 4 GT

Mit dem Modell DB 4 realisierte Aston Martin die Idee von einem sportlichen Luxus-Reisewagen – mit Erfolg! Der DB 4 blieb bis 1963 im Programm (alle Baumuster) und musste sich während dieser Zeit fünfmal einer Modellpflege unterziehen. Die 250 km/h schnelle GT-Version mit leicht verkürztem Radstand wurde als Zweisitzer konzipiert und verfügte gegenüber der Standardausführung über mehr Leistung.

Hubraum/Zylinder:	3670 ccm/6 Zyl.
PS/kW:	302/222
Bauzeit:	1959–1960
Stückzahl:	75

Aston Martin DB 5

Als Aston Martin 1947 von David Brown übernommen wurde, entwickelte man zunächst die berühmte DB-Baureihe. Nach DB 1, DB 2 und DB 4 lancierte die Nobelmarke mit dem DB 5 ein weiteres Objekt der Begierde: Diese Version wurde vor allem durch die James-Bond-Film-produktionen bekannt. Nicht nur „007" fuhr einen Aston Martin – der DB 5 war natürlich auch für „Normalverbrau-cher" zu erstehen.

Hubraum/Zylinder: 3995 ccm/6 Zyl.
PS/kW: 282/207
Bauzeit: 1963–1965
Stückzahl: 1063

Aston Martin DB 6 Mk2

Der Nachfolger des DB 5, der DB 6, unterschied sich von seinem Vorgänger vor allem durch einen etwas längeren Radstand und eine leicht überarbeitete Karosserie. Aston Martin ließ auch die Gesamtlänge des neuen Modells etwas anwachsen, das ergab eine noch ausgewogenere Linienführung. Zusätzlich betonte eine sogenannte Abrisskante am Heck den sportlichen Charakter des DB 6.

Hubraum/Zylinder: 3995 ccm/6 Zyl.
PS/kW: 286/210
Bauzeit: 1965–1970
Stückzahl: 1755

Austin-Healey 100

Der Brite Donald Healey zeigte 1951 auf der Londoner Motor Show eine Automobilkonstruktion, die auch beim Vorstand der Austin-Werke auf Begeisterung stieß, denn schon lange hatte Austin den Bau eines Sportwagens geplant. Healey erkannte die Chance, sein Vorhaben durch Austin realisieren zu lassen, und bot Austin daher die Produktionsrechte an.

Hubraum/Zylinder: 2660 ccm/4 Zyl.
PS/kW: 91/67
Bauzeit: 1952–1956
Stückzahl: ca. 12 900

Austin-Healey 3000 Mk III

Behutsame Detailverbesserungen trugen dazu bei, dass der „Big Healey" auch in den späteren Jahren nichts von seinem Reiz einbüßte. Ab 1964, mit dem Debüt der Version 3000 Mk III, erstrahlte er in Bestform, was sich anhand der Verkaufszahlen eindeutig belegen ließ. Heute zählt diese 190 km/h schnelle Variante mit Holz-Armaturenbrett zu den begehrtesten Modellen der gesamten Baureihe.

Hubraum/Zylinder: 2912 ccm/6 Zyl.
PS/kW: 150/110
Bauzeit: 1964–1967
Stückzahl: –

Bristol 405

Die Idee, Automobile zu bauen, beschäftigte den britischen Flugzeughersteller Bristol seit den 1940er Jahren. Als 1947 der erste Bristol sein Debüt feierte, ließ sich die Gemeinsamkeit mit BMW-Modellen nicht verleugnen:

Hubraum/Zylinder:	1971 ccm/6 Zyl.
PS/kW:	107/78,3
Bauzeit:	1953–1957
Stückzahl:	ca. 300

Für den Antrieb favorisierte Bristol zunächst BMW-Technik, bevor die Wahl auf amerikanische V8-Motoren fiel. Mit dem Typ 405 erschien übrigens der erste sportliche, viertürige Bristol.

Jaguar XK 120 Roadster

Einen schöneren Sportwagen hätte man in den 1940er Jahren kaum auf die Räder stellen können. Alle Dimensionen und Proportionen stimmten – lange Haube, kurzes Cockpit, niedrige Windschutz- scheibe und ein harmonischer Heckabschluss. Hinzu kamen das Leistungspotenzial eines kräftigen Sechszylinders mit zwei obenliegenden Nocken- wellen und eine vorbildliche Straßenlage.

Hubraum/Zylinder: 3442 ccm/6 Zyl.
PS/kW: 162/119
Bauzeit: 1948–1954
Stückzahl: 12087

Jaguar XK 140

Im Rahmen der Modellpflege brachte Jaguar 1954 den XK 140 auf den Markt. Neben technischen Modifikationen (mehr Leistung) gab es jede Menge optischer Retuschen, und die standen dem XK ausgezeichnet, denn sie entsprachen dem Zeitgeschmack: Die Karosserielinie wurde leicht gestrafft, der Kühlergrill etwas vergrößert, die Stoßstangen verstärkt und das Interieur verfeinert.

Hubraum/Zylinder: 3442 ccm/6 Zyl.
PS/kW: 192/140
Bauzeit: 1954–1957
Stückzahl: 8884

Jaguar XK 150

Alle Modelle der XK-Baureihe
schrieben ein Stück britischer
Automobilgeschichte. Vor allem
die letzte Serie – der XK 150 –
trug zum Ruhm der Marke bei.
Außerdem bildete er die Grundlage für zukünftige Modelle. Dem
Zeitgeist entsprechend gab es für den XK 150 viel Zubehör,
zum Beispiel mit Weißwandreifen bestückte Drahtspeichenräder oder eine Getriebeautomatik.

Hubraum/Zylinder: 3442 ccm/6 Zyl.
PS/kW: 213/156
Bauzeit: 1957–1961
Stückzahl: 9395

Jaguar E-Type Series 1

Als 1961 in Genf ein ästhetisch gestylter Zweisitzer namens Jaguar E-Type debütierte, konnte niemand ahnen, dass dieser Wagen die britische Sportwagengeschichte noch einmal neu aufrollen sollte. Unter der

Hubraum/Zylinder:	3781 ccm/6 Zyl.
PS/kW:	265/196
Bauzeit:	1961–1964
Stückzahl:	ca. 15700

langen Haube des E-Type arbeitete ein 265 PS starker Sechszylinder-Motor. Er beschleunigte den 1168 Kilogramm schweren Wagen auf 240 km/h – die 100 km/h-Marke wurde bereits nach nur sieben Sekunden erreicht.

Lotus Seven Serie 1

Colin Chapman, Gründer der britischen Marke Lotus, konstruierte 1947 in seiner Freizeit einen kleinen Sportwagen. Der Erfolg motivierte ihn zehn Jahre später, seine Hobby-Garage in eine Fabrik umzuwandeln und eine Serienfertigung zu starten. Da man in England für Kitcars weniger Steuern zahlen musste, brachte Chapman den „Lotus Seven" hauptsächlich als Bausatz auf den Markt.

Hubraum/Zylinder: 1172 ccm/4 Zyl.
PS/kW: 40/29
Bauzeit: 1957–1970
Stückzahl: –

Lotus Elan S1

Ein klein wenig mehr Komfort – das war die wesentliche Neuerung, die den Elan von seinem Vorgänger, dem Elite, unterschied. Und im Gegensatz zu diesem profitierte der Elan von permanenter Modell-pflege (S2, S3, S4 und Sprint).

Hubraum/Zylinder: 1558 ccm/4 Zyl.
PS/kW: 126/93
Bauzeit: 1962–1973
Stückzahl: 12224

Der vorn platzierte 1,5-Liter-Motor brachte seine Kraft (zwischen 106 PS und 126 PS) an die Hinterräder, was eine Spitze zwischen 185 km/h und 195 km/h ergab.

Lotus Europa

1966 brachte Lotus mit dem ultra-flachen Modell Europa einen nur 113 Zentimeter hohen Mittel-motor-Sportwagen heraus. Die Fachpresse staunte nicht schlecht, als sie unter der Motorhaube das Antriebsaggregat entdeckte: Es handelte sich um den Motor des Renault R 16. Da der Lotus dank seiner Kunststoffkarosserie ein Leichtgewicht war, ließ sich mit dieser Konfiguration eine Spitzengeschwindigkeit von 200 km/h erzielen.

Hubraum/Zylinder: 1470 ccm/4 Zyl.
PS/kW: 78/57
Bauzeit: 1967–1975
Stückzahl: 9230

MG Typ TC

Mit dem kleinen **TC** führte die
britische Marke MG nach Ende
des Zweiten Weltkrieges ein
Fahrzeug im Programm, das dem
Unternehmen bald wieder seine
gewohnt gute Marktposition
sicherte. Dass der TC auf einem

Hubraum/Zylinder: 1250 ccm/4 Zyl.
PS/kW: 54/40
Bauzeit: 1945–1949
Stückzahl: ca. 10000

veralteten Kastenrahmen basierte, störte kaum jemanden.
Schließlich knüpften auch andere Hersteller nach der Wieder-
aufnahme der Produktion an ihre Vorkriegs-Konstruktionen an.

MG Typ TD

Als **MG 1949** mit dem Modell TD
den Nachfolger für den TC vorstellte, musste man schon genau
hinsehen, um die Detailverbesserungen entdecken zu können.
Insgesamt gewann der TD etwas
an Breite, sein Cockpit war nicht
mehr ganz so eng geschnitten. Leider mussten die großen
Drahtspeichenräder gewöhnlichen Stahlfelgen weichen.
Vorteil dieser Maßnahme: Der TD wirkte weniger hochbeinig
als der TC.

Hubraum/Zylinder: 1250 ccm/4 Zyl.
PS/kW: 55/40
Bauzeit: 1949–1953
Stückzahl: ca. 30000

MG Typ TF

Während fast alle Hersteller in den 1950er Jahren glattflächig gestylte Karosserien entwarfen, führte MG bei den Modellen TC, TD und TF das Design der 1930er Jahre fort. Zu spät merkte man, dass dieser Stil nicht mehr gefragt war, der Absatz brach drastisch zusammen. Das Facelifting für den überarbeiteten Typ TF war zwar eine gut gemeinte, aber letztlich wirkungslose Angelegenheit.

Hubraum/Zylinder: 1250 ccm/4 Zyl.
PS/kW: 58/44
Bauzeit: 1953–1954
Stückzahl: ca. 6200

MG Typ TF 1500

Um verlorenes Terrain zurück-
erobern zu können, brachte
MG den TF noch in einer verbesserten Ausführung auf den Markt.
Ein 1,5-Liter-Motor machte den
TF 1500 zwar 140 km/h schnell,
doch auf den Verkaufserfolg

Hubraum/Zylinder: 1466 ccm/4 Zyl.
PS/kW: 64/47
Bauzeit: 1954–1955
Stückzahl: ca. 3400

wirkte sich diese Maßnahme nicht mehr aus: Die Zeit der
T-Serie, die es mit allen Modellen auf etwa 50000 Einheiten
brachte, war definitiv abgelaufen.

MG Typ A

Mit dem **MG A** erschien bei MG 1955 ein Sportwagen, der der Marke genau im richtigen Augenblick wieder zu mehr Popularität verhelfen konnte. Sanft geschwungene Linien bestimmten das Design des

Hubraum/Zylinder:	1489 ccm/4 Zyl.
PS/kW:	69/51
Bauzeit:	1955–1962
Stückzahl:	ca. 98900

Zweisitzers, der vollkommen anders als ein TC, TD oder TF war. Nicht ohne Grund basierte der MG A auf einem verwindungsfesten Unterbau – das Gros dieses Baumusters sollte als Roadster auf den Markt kommen.

Morgan +4

An einem einmal als richtig erkannten Konzept etwas zu ändern, ist für Morgan nichts anderes als Zeitverschwendung. Deshalb wurde und wird dieser Sportwagen seit Jahrzehnten fast unverändert gebaut. Die größte Retusche gab es zuletzt 1955, als der Übergang vom flachen zum rundlichen Kühler erfolgte. Unter der Haube ist der Morgan aber nicht von gestern, hier arbeitet Technik vom Feinsten.

Hubraum/Zylinder: 2138 ccm/4 Zyl.
PS/kW: 105/77
Bauzeit: 1950–1958
Stückzahl: –

Morgan Plus 8

1968 eröffneten sich für Morgan-Fahrer ungewohnte Perspektiven: Fortan war der neue „Plus 8" zu haben. Er hieß so, weil ihm die 3,5-Liter-Maschine des Rovers implantiert wurde. Mithilfe dieses V8-Aggregats kam die Tachonadel erst im Bereich der 200 km/h-Markierung zum Stillstand. Damit der leichte Morgan so viel Power auch gewachsen war, erweiterte man unter anderem die Spurbreite auf 126 Zentimeter.

Hubraum/Zylinder: 3532 ccm/8 Zyl.
PS/kW: 184/135
Bauzeit: 1968–2004
Stückzahl: ca. 6000

Triumph TR 2

1952 zeigte Triumph zur Londoner Motor Show einen Roadster mit weit ausgeschnittenen Türen, lang gezogenen Kotflügelrändern und einer stark nach innen versetzten Kühlergrillöffnung. Die Resonanz auf den TR 2 war überwältigend.

Hubraum/Zylinder: 1991 ccm/4 Zyl.
PS/kW: 91/67
Bauzeit: 1953–1955
Stückzahl: –

Schon ein Jahr später ging das 170 km/h schnelle Modell in Serie. Um 170 km/h erreichen zu können, wurde das Aggregat übrigens mit zwei SU-Horizontalvergasern bestückt.

![Triumph TR 2, hellblauer Roadster, Frontansicht mit Kennzeichen NRW 56]

Triumph TR 3 A

1955 stellte Triumph dem TR 2 im Rahmen der Modellpflege das stärkere Modell TR 3 A gegenüber. Dem technischen Fortschritt angemessen, bestückte man den TR 3 A vorn mit Scheibenbremsen. Außerdem gab es ein neu gestaltetes und weicher gepolstertes Armaturenbrett, breitere Sitze und vor allem aber ein schickes Kühlerziergitter, das über die gesamte Breite des Wagens verlief.

Hubraum/Zylinder: 1991 ccm/4 Zyl.
PS/kW: 101/74
Bauzeit: 1957–1961
Stückzahl: –

Triumph TR 6

Der 1969 vorgestellte TR 6 ähnelte nicht ohne Grund dem TR 4. Auch sein Design ist ein Michelotti-Entwurf, der vor Beginn des Serienbaus allerdings bei Karmann in Osnabrück noch einmal überarbeitet wurde. Im Gegensatz zum TR 4 erhielt der TR 6 keinen Vier- sondern einen Sechszylinder-Motor. Aufgrund der recht hohen Leistung (143 PS) erreichte der TR 6 eine Spitze von 200 km/h.

Hubraum/Zylinder: 2498 ccm/6 Zyl.
PS/kW: 143/105
Bauzeit: 1969–1976
Stückzahl: 94 619

Alpine A 110

Als der Sohn eines französischen Renault-Händlers 1958 auf Basis des 4 CV einen Sportwagen bastelte, interessierte das kaum jemanden. 1960 waren seine Kreationen schon der Fachpresse bekannt, und 1963 kam mit dem Modell Alpine A 110 der ganz große Durchbruch – die Serienfertigung lief an. Je nach Leistungspotenzial erreichte der Alpine eine Spitze von bis zu 215 km/h.

Hubraum/Zylinder: 1565 ccm/4 Zyl.
PS/kW: 140/103
Bauzeit: 1963–1976
Stückzahl: 7160

Bugatti 101 C

Der Bugatti 101, der 1951 in Paris
sein Debüt feierte, sollte die
glorreiche Geschichte des Unternehmens fortschreiben. Seine
zeitgemäße Pontonkarosserie
wurde bei dem Karossier Gangloff
in Colmar gefertigt. Unter der
Haube arbeitete ein Achtzylinder-Aggregat, das den 101 C
auf 180 km/h beschleunigte. Die mit einem Kompressor
bestückten Modelle erhielten die Bezeichnung 101 C.

Hubraum/Zylinder: 3257 ccm/8 Zyl.
PS/kW: 190/139
Bauzeit: 1952–1954
Stückzahl: 7

DB Le Mans

Charles Deutsch und René Bonnet, zwei französische Ingenieure, brachten ab den 1950er Jahren unter der Markenbezeichnung „DB" diverse Sportwagen auf den Markt. Unter der Haube ihrer Modelle arbeitete fast immer ein

Hubraum/Zylinder: 848 ccm/2 Zyl.
PS/kW: 52/38
Bauzeit: 1960–1962
Stückzahl: ca. 200

Zweizylinder-Aggregat (!) von Panhard. Die kleinen Maschinen wurden oft bis an die Grenze der Belastbarkeit getunt, denn nur so ließ sich eine Spitzengeschwindigkeit von 150 km/h oder mehr erreichen.

Matra Djet V

1964 brachte Matra einen Mittelmotor-Sportwagen heraus, der es
zwar nicht von Seiten der Technik,
aber hinsichtlich der Interieurge-
staltung mit jedem Luxusfahrzeug
seiner Zeit aufnehmen konnte:
Blickfang des kleinen Automobils
war eine breite, mit vielen Rundinstrumenten „zugepflas-
terte" Mittelkonsole. Den Unterbau des „Djet V", einen
leichten Gitterrahmen, konstruierte man selbst, den Motor
hingegen lieferte Renault.

Hubraum/Zylinder: 1255 ccm/4 Zyl.
PS/kW: 72/53
Bauzeit: 1964–1968
Stückzahl: 1681

Matra M 530

Mit dem Modell M 530 brachte Matra 1967 einen Nachfolger für den Djet auf den Markt. Die Karosserie dieses recht merkwürdig aussehenden Wagens bestand aus Kunststoff, und angetrieben wurde er von einem Ford-Motor. Im Rahmen des aufkommenden Sicherheitsdenkens stattete Matra den fast 200 km/h schnellen M 530 mit Scheibenbremsen an allen vier Rädern aus.

Hubraum/Zylinder: 1699 ccm/4 Zyl.
PS/kW: 70/51
Bauzeit: 1967–1973
Stückzahl: 9609

Alfa Romeo 1900 Super Sprint

Kurz nachdem Alfa Romeo den sportlichen 1900 Sprint präsentierte, kursierten Gerüchte, dass das schnelle Coupé schon bald in einer stärkeren Version zu haben sein sollte. Und die Insider behielten recht – 1954 kam der 115 PS starke Super Sprint. Dieser 180 km/h schnelle Zweitürer mit langem Radstand zeichnete sich durch eine Eleganz aus, die man bei vergleichbaren Modellen oft vermisste.

Hubraum/Zylinder: 1975 ccm/4 Zyl.
PS/kW: 115/84
Bauzeit: 1954–1958
Stückzahl: –

Alfa Romeo Disco Volante

Während sportlich ambitionierte
Privatfahrer in den 1950er Jahren
mit ihrem Alfa Romeo auf den
Pisten ihr Talent unter Beweis
stellten, entstanden im Werk
einige Rennsportwagen, die auf
Straßenfahrzeugen basierten.

Hubraum/Zylinder: 1997 ccm/4 Zyl.
PS/kW: 158/116
Bauzeit: 1952
Stückzahl: 6

Einer davon ist der vom 1900 abgeleitete Spider, dessen
unverwechselbare Karosserie ihm spontan den Spitznamen
„Disco Volante" („Fliegende Untertasse") bescherte.

Alfa Romeo Giulietta Sprint

Der 1,3 Liter große und überra-
schend leichte Aluminium-Vier-
zylinder-Motor, mit dem die erste
Giulietta-Sprint-Serie bestückt
wurde, besaß einen Querstrom-
Zylinderkopf und zwei obenliegende Nockenwellen – das ent-
sprach damals feinster Rennsporttechnik. Das Ergebnis der
Arbeit drückte sich in anfänglichen 65 PS aus, genug für
eine Höchstgeschwindigkeit von rund 165 km/h.

Hubraum/Zylinder: 1290 ccm/4 Zyl.
PS/kW: 65/48
Bauzeit: 1954–1965
Stückzahl: ca. 36000

Alfa Romeo Giulietta Spider

Für viele Giulietta-Besitzer war
das Faszinierende an diesem
Auto hauptsächlich die Technik.
Es gab einen Motor mit zwei
obenliegenden Nockenwellen,
Einzelradaufhängung und ein
gut abgestuftes Schaltgetriebe.

Hubraum/Zylinder: 1290 ccm/4 Zyl.
PS/kW: 65/48
Bauzeit: 1955–1965
Stückzahl: ca. 26400

Zwei Jahre nach dem Debüt folgte die nächste Evolutions-
stufe: Für den Wettbewerbssport wurde der Giulietta Sprint
Veloce konzipiert, für den Privatfahrer der Giulietta Spider.

Alfa Romeo Giulia Sprint GT

Das Jahr 1963 erlebte die Geburts-
stunde eines Klassikers der Automobilgeschichte: Als Nachfolger
der Giulia Sprint erschien die
atemberaubend schöne Giulia
Sprint GT, ob ihrer in der
Anfangszeit aufgesetzt wirkenden

Hubraum/Zylinder:	1290 ccm/4 Zyl.
PS/kW:	80/59
Bauzeit:	1963–1968
Stückzahl:	ca. 222000

Motorraumabdeckung auch „Kantenhaube" genannt.
Der schnörkellose Karosserie-Entwurf stammte zwar von
Bertone, doch dort kam erstmals der neue Chefdesigner
Giorgetto Giugiaro zum Zug.

Alfa Romeo Giulia Sprint GTA

Giorgetto Giugiaro, der heutige Chef von Italdesign, entwarf mit dem Giulia Sprint GT ein Automobil, das bereits während seiner Bauzeit zur Legende heranreifte. Es kam in zahlreichen Varianten auf den Markt und sorgte als Giulia Sprint GTA auch im Wettbewerbssport für Gesprächstoff. Im Übrigen erstürmte der GTA nicht weniger als sieben EM-Titel!

Hubraum/Zylinder: 1570 ccm/4 Zyl.
PS/kW: 115/84
Bauzeit: 1965–1970
Stückzahl: –

Alfa Romeo Duetto

Als Alfa Romeo **1965** das bis
dahin erfolgreichste Cabriolet
– den Giulietta Spider – aus dem
Programm nahm, stand der Nachfolger bereits in den Startlöchern.
Es dauerte zwar einige Zeit, bis
der ab 1966 gebaute Nachkomme
(„Duetto") akzeptiert wurde, aber letztendlich hat auch
dieses Modell die Erfolgsleiter erklommen und über
nahezu drei Jahrzehnte viele Cabriofahrer begeistert.

Hubraum/Zylinder: 1570 ccm/4 Zyl.
PS/kW: 92/67
Bauzeit: 1966–1982
Stückzahl: –

Alfa Romeo Spider

Der Alfa Romeo Duetto, Nachfolger des Giulietta-Spider, hatte einen schweren Start, denn seine Heckpartie fand nicht nur Zustimmung. 1970 wurde sie daher überarbeitet und mit einer Abrisskante versehen. Steigende Verkaufszahlen führten zu einem Aufstocken der Modellpalette – neben der Version Spider 1300 Junior gab es auch die Spider 1600, 1750 und 2000.

Hubraum/Zylinder: 1570 ccm/4 Zyl.
PS/kW: 92/67
Bauzeit: 1966–1982
Stückzahl: –

Bizzarrini GT Strada 5300

Bevor sich Giotto Bizzarrini 1961 selbstständig machte, arbeitete der talentierte Italiener unter anderem für Alfa Romeo und Enzo Ferrari. 1965 debütierte mit seinem GT Strada 5300 ein optisch gelungener Sportwagen, unter dessen Aluminiumkarosserie ein großvolumiger Chevrolet-Motor rumorte und den Wagen auf eine Spitzengeschwindigkeit von 270 km/h brachte.

Hubraum/Zylinder: 5351 ccm/8 Zyl.
PS/kW: 350/257
Bauzeit: 1965–1969
Stückzahl: 149

Dino 246 GT

Unter der eigenständigen Marke
Dino lancierte Ferrari 1967 einen
kleinen Mittelmotor-Sportwagen,
den Dino 206 GT. Etwa 150 Exemplare wurden bis 1969 gebaut. In
der zweiten Auflage – als Dino
246 GT – ließ sich der Wagen

Hubraum/Zylinder: 2418 ccm/6 Zyl.
PS/kW: 190/139
Bauzeit: 1969–1974
Stückzahl: 3883

wesentlich besser verkaufen. Die Fachpresse erkannte im
246 GT übrigens einen Porsche-Konkurrenten. Welchem
Wagen man den Vorzug gab, war reine Geschmackssache.

Ferrari 342 America

Im Rennsport war der Name Ferrari seit den 1930er Jahren ein Begriff, da Enzo Ferrari einen Sieg nach dem anderen einfuhr. Der erste Straßensportwagen (Typ 166), der seinen Namen trug, debütierte aber erst 1948. Was dieses Auto so

Hubraum/Zylinder:	4102 ccm/12 Z.
PS/kW:	200/147
Bauzeit:	1952–1953
Stückzahl:	6

begehrenswert machte, war natürlich sein reinrassiger Zwölf-zylinder-Motor. Dieses Aggregat bildete fortan die Ausgangs-basis für weitere Konstruktionen.

Ferrari 375 America

Fast jeder frühe Ferrari war ein individuelles Einzelstück, denn Enzo Ferrari arbeitete zugleich mit mehreren Karosseriebau-Spezialisten zusammen. Von dem nur zwölfmal gebauten Typ 375 America entstanden deshalb

Hubraum/Zylinder:	4523 ccm/12 Z.
PS/kW:	300/220
Bauzeit:	1953–1955
Stückzahl:	12

acht Karosserien bei Pininfarina, drei bei Vignale und ein Aufbau bei Ghia. So viel Individualismus hatte seinen Preis – das Gros dieser Wagen wurde von Prominenten geordert.

Ferrari 250 GT SWB

Für Ferrari-Fans hat das Kürzel SWB einen ganz besonderen Reiz: Es kommt aus dem Englischen (Short Wheel Base) und bedeutet nichts anderes als „kurzer Radstand". Beim Ferrari 250 GT SWB beträgt der Radstand genau 240 Zentimeter, und aufgrund dieser angenehmen Eigenschaft lässt sich der Wagen nicht nur auf der Straße, sondern auch auf der Piste hervorragend bewegen.

Hubraum/Zylinder: 2953 ccm/12 Z.
PS/kW: 260/190
Bauzeit: 1959–1962
Stückzahl: 165

Ferrari 250 GT Cabriolet

Vom Erscheinungsbild her zählt ein Ferrari zu den Automobilen, denen man gerne einen Blick hinterherwirft. Kein Wunder, das Design entstand in den meisten Fällen am Zeichenbrett Pininfarinas, des italienischen Meisterkarossiers. Er entwarf auch die Linienführung für das 250 GT Cabriolet. Keine einfache Aufgabe, immerhin basierte dieses Modell auf einem Fahrgestell mit 260 Zentimetern Radstand.

Hubraum/Zylinder: 2953 ccm/12 Z.
PS/kW: 240/176
Bauzeit: 1957–1962
Stückzahl: 236

Ferrari 250 GT Spyder California

Treffender als das Magazin „Sports Car Illustrated" konnte man den 250 GT Spyder California nicht beschreiben: „Der California hat den schönsten (Karosserie-) Körper diesseits der Riviera. Wir wissen nicht, wie oder warum, aber die Italiener scheinen einen Exklusivvertrag für automobile Schönheit zu besitzen. Kurz und gut, wir halten die Karosserie, den Motor und das Getriebe für großartig ...".

Hubraum/Zylinder: 2953 ccm/12 Z.
PS/kW: 280/205
Bauzeit: 1957–1963
Stückzahl: 104

Ferrari 250 GTO

Obwohl er für die Straße zugelassen war, fühlte sich der
Ferrari 250 GTO auf der Piste
am wohlsten. Vielleicht lag das
daran, dass die Techniker bei
der Konstruktion einen Blick
auf den Testarossa warfen:
Auch hier hatte man den Motor tief im Rohrrahmen platziert.
Da der GTO von vornherein als Wettbewerbswagen konzipiert
wurde, verlieh ihm Pininfarina eine besonders strömungs-
günstige Karosserie.

Hubraum/Zylinder: 2953 ccm/12 Z.
PS/kW: 300/220
Bauzeit: 1962–1964
Stückzahl: 36

Ferrari 275 GTB

Die elegant gezeichnete Berlinetta 275 GTB, die Ferrari 1964 präsentierte, war mehr als nur ein schickes Coupé für den Alltagsbetrieb. Dieser Ferrari war zugleich ein anspruchsvoller Sportwagen für aktive Fahrer – es gab sogar einige „heiß gemachte" 275 GTB, die erfolgreich bei der Targa Florio oder in Le Mans bewegt wurden.

Hubraum/Zylinder:	3286 ccm/12 Z.
PS/kW:	280/205
Bauzeit:	1964–1966
Stückzahl:	472

Ferrari 365 GTB/4

Die Zahl **365** gibt, wie bei Ferrari üblich, Auskunft über das Hub-volumen eines Zylinders. Dement-sprechend verfügt der 365 GTB/4 über einen Gesamthubraum von 4,4 Litern. Die „4" in der Modell-bezeichnung verwies auf die vier

Hubraum/Zylinder: 4390 ccm/12 Z.
PS/kW: 352/258
Bauzeit: 1968–1973
Stückzahl: 1245

obenliegenden Nockenwellen des Aggregats. Der 365 GTB/4 oder auch „Ferrari Daytona" genannte Wagen erreichte die für damalige Verhältnisse atemberaubenden Spitzengeschwindig-keit von 275 km/h.

Ferrari 365 GTS/4

Mit dem **365 GTB/4** stellte Ferrari zweifelsohne einen der schönsten Sportwagen aller Zeiten auf die Räder. Seine Frontpartie musste kurz nach dem Serienanlauf noch einmal geändert werden, weil die amerikanischen Zulassungsgesetze

Hubraum/Zylinder: 4390 ccm/12 Z.
PS/kW: 352/258
Bauzeit: 1969–1973
Stückzahl: 121

eine andere Position der Scheinwerfer vorschrieben. Ab 1969 gab es den 365 GBT/4 auch in einer Spider-Version, die unter dem Modellnamen 365 GTS/4 zu erstehen war.

Fiat Abarth 850 TC

Das Markenemblem mit dem Skorpion ist im Wettbewerbssport bestens bekannt. Überall, wo es auftaucht, weiß man, dass Carlo Abarth aus einem biederen Serienwagen wieder einmal etwas Sportliches gemacht hat. Unter seiner Regie entstand auch der Fiat 850 TC Abarth. Ausgangsbasis dieser heißen Kiste ist – man mag es gar nicht glauben – der kleine Fiat 600.

Hubraum/Zylinder: 847 ccm/4 Zyl.
PS/kW: 62/45
Bauzeit: 1956–1964
Stückzahl: –

Fiat 124 Sport Spider

In den 1960er Jahren gab es neben
Fiat wohl kaum einen anderen
Automobilhersteller, der eine
dermaßen gut sortierte Modellpalette pflegte. Fiat hatte alles:
vom Kleinstwagen bis hin zur
Luxuskarosse – und natürlich den
beliebten 124 Spider. Wer sich für dieses Modell begeisterte,
traf eine gute Wahl – der Fiat 124 kostete umgerechnet 1000
Euro weniger als das Konkurrenzmodell von Alfa Romeo.

Hubraum/Zylinder: 1438 ccm/4 Zyl.
PS/kW: 90/66
Bauzeit: 1966–1982
Stückzahl: ca. 130000

Fiat 124 Sport Coupé

Zu Beginn seiner Karriere musste sich der Fiat 124 mit einem 1,4-Liter-Aggregat zufrieden geben. Später wuchs der Hubraum auf 1,6 bzw. 1,8 Liter an, die letzte Bauserie (180 km/h Spitze) profitierte gar von einem 2-Liter-Motor. Viele Fiat 124 wurden in die USA exportiert, und um den dortigen strengen Abgasgesetzen zu entsprechen, wurden sie mit einer Einspritzanlage ausgerüstet.

Hubraum/Zylinder: 1995 ccm/4 Zyl.
PS/kW: 118/86
Bauzeit: 1966–1982
Stückzahl: ca. 130000

Fiat Dino Spider

Böse Zungen behaupteten oft, der Dino Spider wäre nichts anderes als ein Billig-Ferrari. Das war absolut falsch, denn dieses Modell war eine hundertprozentige Fiat-Konstruktion. Allein bei dem Motor handelte es sich um einen Ferrari-Entwurf. Dieses temperamentvolle V6-Aggregat (anfangs 2 Liter, später 2,4 Liter Hubraum) mit obenliegenden Nockenwellen brachte den Spider auf eine Spitzengeschwindigkeit von 210 km/h.

Hubraum/Zylinder: 1987 ccm/6 Zyl.
PS/kW: 160/117
Bauzeit: 1966–1972
Stückzahl: ca. 1580

Fiat Dino Coupé

Das Dino Coupé, das im Gegensatz zum Spider auf einem langen Radstand basierte (255 anstelle von 228 Zentimeter), verlangte förmlich danach, forciert gefahren zu werden. Es hing gut am Gas und wurde im oberen Drehzahlbereich besonders munter. Seine Karosserie wurde übrigens von Bertone entworfen, während Stardesigner Pininfarina für die Linienführung des Spiders verantwortlich zeichnete.

Hubraum/Zylinder:	2418 ccm/6 Zyl.
PS/kW:	180/132
Bauzeit:	1967–1972
Stückzahl:	ca. 4200

Iso Rivolta IR 300

Schon lange bevor sich Iso auf
den Bau von Sportwagen spezialisierte, hatte sich Firmenchef
Renzo Rivolta einen Namen in
der Automobilbranche gemacht:
Er entwickelte nämlich jene Klein-
wagen-Konstruktion, die später
bei BMW als „BMW Isetta" vom Band lief. Mit einer weiteren
Konstruktion – dem großen Iso Rivolta IR 300 – wagte er
1962 den Einstieg ins Sportwagengeschäft.

Hubraum/Zylinder: 5354 ccm/8 Zyl.
PS/kW: 304/224
Bauzeit: 1961–1965
Stückzahl: ca. 780

Iso Grifo GL 365

Nach dem etwas glücklosen Start
mit dem Iso Rivolta im Jahre
1961 lancierte Renzo Rivolta zwei
Jahre später ein weiteres Modell:
den Iso Grifo. Der mit einem V8-
Chevrolet-Motor (Hubraum je
nach Ausführung zwischen 5,4
und 7 Liter) bestückte Wagen wurde von Bertone entworfen.
Er verstand es, dem wuchtigen Coupé eine einigermaßen
harmonische Linienführung zu geben.

Hubraum/Zylinder: 5354 ccm/8 Zyl.
PS/kW: 365/267
Bauzeit: 1965–1966
Stückzahl: –

Lamborghini 350 GTV

Der Nimbus von Lamborghini ist verbunden mit dem Mann, der seinen Traum wahr werden ließ: Ferruccio Lamborghini zeigte schon als Kind Interesse an Technologie und Mechanik. 1959 begann er, in der eigenen Firma Traktoren zu bauen, und mit diesem finanziellen Hintergrund eröffnete er bald eine Autofabrik, in der 1963 dieser hier abgebildete Prototyp des ersten Lamborghini entstand.

Hubraum/Zylinder: 3497 ccm/12 Z.
PS/kW: 360/264
Bauzeit: 1963
Stückzahl: 2

Lamborghini 350 GT

Der 350 GT, eine Weiterentwicklung des Prototyps 350 GTV, verfügte über einen bulligen V12-Motor mit vier obenliegenden Nockenwellen. Die Kraft wurde mittels eines Fünfgang-Getriebes an die Hinterachse gebracht. Da die Resonanz auf das Vorserienmodell recht positiv ausfiel, gab Lamborghini noch 1963 „grünes Licht" für die Produktion seines ersten Serienmodells.

Hubraum/Zylinder: 3646 ccm/12 Z.
PS/kW: 270/198
Bauzeit: 1963–1966
Stückzahl: 143

Lamborghini 400 GT 2+2

Bis 1972 wuchs Lamborghinis
Firma stetig an, der einzige Brems-
faktor war paradoxerweise stets
die Einführung neuer Modelle,
was die Produktionskapazität
mitunter verlangsamte. Noch
während der Bauzeit des 350 GT

Hubraum/Zylinder:	3929 ccm/12 Z.
PS/kW:	320/234
Bauzeit:	1966–1968
Stückzahl:	247

präsentierte man eine leistungsgesteigerte Variante
namens 400 GT 2+2. Außer von technischen Modifikationen profitierte dieser Wagen von einem überaus
gelungenen Facelifting.

Lamborghini Miura P 400

Der von Lamborghinis Chefkonstrukteur Marcello Gandini gestaltete Miura P 400 mit einem quer eingebauten 4-Liter-V12-Aggregat feierte 1966 auf dem Genfer Salon sein Debüt. Mit diesem Modell präsentierte die

Hubraum/Zylinder: 3929 ccm/12 Z.
PS/kW: 320/234
Bauzeit: 1966–1969
Stückzahl: 475

italienische Nobelmarke erstmals einen reinrassigen Mittelmotor-Sportwagen, der den Ruf des Unternehmens als Schmiede spektakulärer Automobile festigte.

Lamborghini Miura P 400 S

Für die zweite überarbeitete Version des Miura P 400-Prototyps von 1966 wurden für den Miura P 400 SV die vordere und hintere Radaufhängung komplett neu entwickelt, die Bereifung angepasst und die Kotflügel etwas markanter gestaltet. Die beim neuen Modell vorgenommenen Korrekturen ließen jetzt einen muskulös anmutenden Sportwagen entstehen, dessen 4-Liter-V12-Motor um die 370 PS leistete.

Hubraum/Zylinder:	3929 ccm/12 Z.
PS/kW:	370/271
Bauzeit:	1969–1971
Stückzahl:	140

Lamborghini Miura Spider

Der Miura bestach vor allem durch seine niedrige Dachlinie. Die Eleganz des nur 105 Zentimeter hohen Boliden ging als Musterbeispiel des Automobildesigns in die Geschichte ein – und es hätte noch besser kommen können:

Hubraum/Zylinder: 3929 ccm/12 Z.
PS/kW: 320/234
Bauzeit: 1968
Stückzahl: Einzelstück

1968 zeigte Lamborghini auf dem Brüsseler Automobilsalon einen Miura Spider. Sportwagenfans hätten sich dieses Showcar als Serienmodell gewünscht, leider war ihre Hoffnung vergebens.

Lancia Aurelia GT B 20

Lancias Typ GT B 20 – ein elegantes Fastback-Coupé – sollte eine Alternative für jene sein, die eine aufregende viertürige Limousine suchten. Zwar ging es auf der hinteren Sitzbank dieses Zweitürers recht beengt zu, dafür logierten

Hubraum/Zylinder: 1991 ccm/6 Zyl.
PS/kW: 75/55
Bauzeit: 1951–1953
Stückzahl: –

Fahrer und Beifahrer aber in regelrechten Ledersesseln. Das Armaturenbrett dominierten drei große Rundinstrumente, die der Fahrer bestens im Blick hatte.

Lancia Aurelia B 24 Spider

Gleich nach seinem Debüt war sich die Fachpresse sicher, dass Lancia mit dem Aurelia Spider einen der schönsten und faszinierendsten Sportwagen der 1950er Jahre realisiert hatte. Nach 240 gebauten Wagen gab es im Rahmen der Modellpflege einige optische und technische Korrekturen, außerdem wurde die zu Recht bemängelte Verdeckkonstruktion verbessert.

Hubraum/Zylinder: 2458 ccm/6 Zyl.
PS/kW: 108/79
Bauzeit: 1956–1959
Stückzahl: –

Maserati A6 GCS

Nachdem Maserati in den 1930er Jahren viele hochkarätige Rennsportwagen gebaut hatte, beschäftigte sich das Unternehmen 1946 erstmals mit der Konstruktion eines Straßensportwagens, des A6. Der A6, dem ein von Anfang an

Hubraum/Zylinder:	1985 ccm/6 Zyl.
PS/kW:	167/122
Bauzeit:	1953–1957
Stückzahl:	–

gut durchdachtes Konzept zu Grunde lag, blieb für lange Zeit die tragende Säule des Modellprogramms. Regelmäßig wurde der Hubraum angehoben und die Leistungsabgabe gesteigert.

Maserati 3500 GT

1957 überraschte Maserati mit einem zweisitzigen Coupé, unter dessen Haube ein Motor mit zwei obenliegenden Nockenwellen arbeitete. Außerdem verfügte das Sechszylinder-Aggregat über eine Doppelzündung und es wurde von drei Doppelvergasern beatmet. Die Karosserie des 230 km/h schnellen Coupés entstand übrigens in Leichtbauweise.

Hubraum/Zylinder: 3485 ccm/6 Zyl.
PS/kW: 220/161
Bauzeit: 1958–1964
Stückzahl: ca. 2000

Maserati Indy

Während die Konkurrenz ihre Wagen längst mit hinterer Einzelradaufhängung ausstattete, begnügte sich der Maserati Indy Ende der 1960er Jahre noch immer mit einer hinteren Starrachse und Blattfedern. Der laut Werksangaben vollwertige Viersitzer wurde mit einem V8-Motor bestückt und erreichte eine Spitze von 245 km/h – diesen Wert konnten andere Viersitzer 1969 nicht überbieten.

Hubraum/Zylinder: 4136 ccm/8 Zyl.
PS/kW: 260/190
Bauzeit: 1968–1974
Stückzahl: 1136

Volvo P 1900 Sport

Es ist recht ungewöhnlich, wenn ein Hersteller von Lastwagen und soliden Limousinen plötzlich einen Sportwagen präsentiert. Genau das tat Volvo 1954. Überraschenderweise bestückte Volvo dieses Modell noch mit einer aus Glasfiber gefertigten Karosserie. Da im kalten Norden kaum jemand so einen Wagen kaufen würde, sollte der P 1900 Sport hauptsächlich den Exportmarkt bedienen.

Hubraum/Zylinder: 1414 ccm/4 Zyl.
PS/kW: 70/51
Bauzeit: 1956–1957
Stückzahl: 67

Chevrolet Corvette

Längst ist der Name Corvette in der Sportwagenszene ein fester Begriff. Das war allerdings nicht immer so, denn die allererste Corvette hatte ein Problem: Motor- und Fahrleistung entsprachen nicht den Erwartungen. Dank intensiver Modellpflege ließ sich das jedoch schnell ändern, und das anfangs mit einer Kunststoffkarosserie bestückte Auto hat mittlerweile den Rang eines Kultmobils erlangt.

Hubraum/Zylinder: 3859 ccm/6 Zyl.
PS/kW: 150/110
Bauzeit: 1953–1955
Stückzahl: 4640

Chevrolet Corvette

Als Chevrolets Chefkonstrukteur Duntov die Corvette 1955 mit einem V8-Motor bestückte, konnte man anstelle des Automatikgetriebes erstmals eine manuelle Dreigangschaltung ordern. 1956 entschieden sich die Designer für ein größeres Facelifting: Die optischen Retuschen standen dem Sportwagen nicht schlecht, und 1958, mit der Einführung von Doppelscheinwerfern, sah die Corvette besser aus denn je.

Hubraum/Zylinder: 4342 ccm/8 Zyl.
PS/kW: 195/143
Bauzeit: 1956–1962
Stückzahl: 64375

Chevrolet Corvette Sting Ray

Das neue Outfit, in dem sich die Corvette ab 1963 zeigte, war nicht mehr unter der Federführung von Harley Earl entstanden, jetzt prägte Designer Bill Mitchell das Erscheinungsbild des Wagens. Mitchell kreierte zunächst das so-genannte Split-Window, eine geteilte Heckscheibe, die es nur 1963 gab. Die Technik hielt ebenfalls Neuigkeiten parat: Endlich besaß die Corvette eine unabhängige Hinterradfederung.

Hubraum/Zylinder:	5359 ccm/8 Zyl.
PS/kW:	250/183
Bauzeit:	1963–1967
Stückzahl:	45546 (nur Coupés)

Ford Thunderbird

Als die ersten Bestellungen für
den Thunderbird eingingen,
prognostizierte man eine
Jahresproduktion von etwa
10000 Einheiten – die Händler
legten dem Konzern allerdings
16000 Aufträge vor. 1957/58
sorgten 21000 Bestellungen für volle Auftragsbücher,
und der Aufwärtstrend schien nicht abzureißen, jeder
schien dieses „real car", das im Gegensatz zur Corvette
eine Stahlkarosserie besaß, haben zu wollen.

Hubraum/Zylinder: 5113 ccm/8 Zyl.
PS/kW: 210/154
Bauzeit: 1955–1957
Stückzahl: 53166

Ford Mustang

Ford konnte sich glücklich schätzen, gleich beim Debüt des Mustang mehr als 22000 Bestellungen verzeichnen zu dürfen. All diese frühen Modelle wurden zwar mit einem Sechszylinder-Motor bestückt, doch der Ausbau der Modellpalette mit kräftigen V8-Aggregaten ließ nicht lange auf sich warten. Zudem stattete Ford ab 1966 den Mustang mit vorderen Scheibenbremsen aus.

Hubraum/Zylinder: 4728 ccm/8 Zyl.
PS/kW: 228/167
Bauzeit: 1964–1967
Stückzahl: –

Ford Mustang Shelby GT 500

1967 begannen die Proportionen des Mustang zu wachsen, und das einst formschöne Automobil nahm an Länge und Breite zu. Carroll Shelby, der sich auf das Tunen von Mustang-Modellen spezialisiert hatte, störte das kaum. Seine Kundschaft wollte nur eines: Power. Shelbys Kreation für 1969 hieß GT 500. Unter der Haube dieses breiten Kraftpakets gab auf Wunsch ein 7-Liter-V8-Motor den Ton an.

Hubraum/Zylinder: 7033 ccm/8 Zyl.
PS/kW: 340/249
Bauzeit: 1969–1970
Stückzahl: –

Ford GT 40

Der Ford-Konzern kreierte in den 1960er Jahren mit dem GT 40 einen Sportwagen, der auf Oldtimer-Auktionen mittlerweile Rekordpreise erzielt. Der ultraflache Zweisitzer wurde in erster Linie für den Wettbewerbssport entwickelt. Aufgrund der großen Nachfrage entstand später eine limitierte Straßenversion.

Hubraum/Zylinder: 4728 ccm/8 Zyl.
PS/kW: 340/250
Bauzeit: 1966–1972
Stückzahl: 107

Honda S 800 Cabrio

Der Honda S 800 war eines der ersten Automobile, die der japanische Großkonzern erfolgreich nach Europa exportierte. Gegenüber seinem Vorgänger, dem S 600, wurde beim S 800 die Kraft nicht mehr über eine Kette, sondern mittels eines Hypoid-Antriebs auf die Hinterachse übertragen. Außerdem erhielt der kleine Sportwagen vorn Scheibenbremsen.

Hubraum/Zylinder: 791 ccm/4 Zyl.
PS/kW: 70/51
Bauzeit: 1966–1970
Stückzahl: ca. 11 400

Honda S 800 Coupé

Das Honda S 800 Coupé, ein aggressiver und lautstarker Flitzer, basierte auf einem Kastenrahmenchassis mit 200 Zentimetern Radstand. Vorn wie hinten besaß das nur 320 Zentimeter lange Modell eine Einzelradaufhängung. Anstelle des serienmäßigen Vierganggetriebes mit unsynchronisiertem erstem Gang war gegen Aufpreis ein Fünfganggetriebe zu haben.

Hubraum/Zylinder: 791 ccm/4 Zyl.
PS/kW: 70/51
Bauzeit: 1966–1970
Stückzahl: ca. 11 400

Mazda Cosmo 110

Anfang der 1960er Jahre nimmt Tsuneji Matsuda, Sohn des legendären Mazda-Gründers, Kontakt nach Deutschland auf und besucht die NSU-Werke in Neckarsulm und den genialen Ingenieur Felix Wankel. Das Ergebnis dieses Besuchs hat noch heute Bestand: Der Kreiskolbenmotor und Mazda gehören seitdem zusammen. Bei Mazda feierte diese Technik im Cosmo Sport Premiere.

Hubraum/Zylinder: 2 × 491 ccm
PS/kW: 110/81
Bauzeit: 1967–1972
Stückzahl: ca. 1450

Nissan Datsun 240 Z

Bei Nissan steht der Buchstabe Z
für eine über 35-jährige Sport-
wagen-Tradition, die mittlerweile
in der fünften Generation fortlebt.
Der „Urknall" zur später erfolg-
reichsten Sportwagenreihe der
Welt erfolgte 1969 mit dem Debüt
des Datsun 240 Z auf der Tokyo Motor Show. Der schnittige
Zweisitzer wurde mit dem Slogan „ein Coupé mit Komfort
und Kofferraum" präsentiert.

Hubraum/Zylinder: 2393 ccm/6 Zyl.
PS/kW: 130/96
Bauzeit: 1969–1974
Stückzahl: –

Toyota 2000 GT

Entgegen frühem japanischem Automobildesign entsprach der bereits 1967 gezeigte Toyota 2000 GT durchaus westeuropäischer Linienführung. Der 2000 GT, der schon im Stand einen schnellen Eindruck machte, schaffte locker eine Spitzengeschwindigkeit von 215 km/h. Angetrieben wurde er von einem Sechszylinder-Motor mit zwei obenliegenden Nockenwellen, der paradoxerweise von Yamaha konstruiert wurde!

Hubraum/Zylinder: 1988 ccm/6 Zyl.
PS/kW: 150/110
Bauzeit: 1967–1970
Stückzahl: 351

1970–2000
Auf dem Weg zu mehr Leistung

Audi quattro

Der erste Audi quattro stand 1980 im Rampenlicht des Genfer Automobilsalons. Er begründete eine Erfolgsgeschichte, die bis heute anhält. Das kantig gezeichnete Coupé wurde auf Anhieb zum Bestseller, denn mit seinem permanenten Allradantrieb und dem starken Fünfzylinder-Turbo bot der Wagen eine sportliche Performance auf faszinierend revolutionäre Art.

Hubraum/Zylinder: 2144 ccm/5 Zyl.
PS/kW: 200/147
Bauzeit: 1980–1991
Stückzahl: 11 429

Audi Sport quattro

Innerhalb der quattro-Baureihe erschien 1984 ein in limitierter Auflage gebautes Sondermodell, das heute einen legendären Ruf genießt – der Sport quattro mit nur 2204 Millimeter Radstand. Sein neu entwickelter Vierventil-Turbo-Motor mit Aluminium-Zylinderblock brachte es auf 306 PS, der großzügige Einsatz von Kevlar und anderen Leichtbaumaterialien wies ihn als Rallyegerät für die Straße aus.

Hubraum/Zylinder: 2144 ccm/5 Zyl.
PS/kW: 306/225
Bauzeit: 1984
Stückzahl: 224

BMW M 635 CSi

Mitte der 1970er Jahre präsentierte BMW mit der 6er-Reihe ein Oberklasse-Coupé, dem ein außergewöhnlicher Verkaufserfolg beschieden sein sollte: Bis zum Produktionsende 1989 konnten mehr als 86000 Exemplare (alle Varianten) verkauft werden. Nie zuvor war ein BMW Coupé erfolgreicher gewesen. Zu den begehrtesten Versionen zählte übrigens der vergleichsweise teure M 635 CSi, er war schon damals selten anzutreffen.

Hubraum/Zylinder: 3453 ccm/6 Zyl.
PS/kW: 286/210
Bauzeit: 1984–1989
Stückzahl: 5915

BMW 850 i

Nachdem BMW Anfang 1989 das 6er-Coupé aus dem Programm genommen hatte, stand mit dem 850 i bereits ein Nachfolger in den Startlöchern. Das zunächst 300 PS starke Luxuscoupé wurde bis 1999 in zahlreichen Leistungsstufen gebaut. Das erste hier gezeigte Baumuster war damals ab 135000 DM zu haben. Die Höchstgeschwindigkeit des 850 i wurde übrigens elektronisch auf 250 km/h abgeregelt.

Hubraum/Zylinder: 4988 ccm/12 Z.
PS/kW: 300/220
Bauzeit: 1989–1992
Stückzahl: 18513

BMW 850 CSi

Der 8er-BMW – von der Optik
her ein Nachfolgemodell der
6er-Baureihe – war mit mehr
als 31000 verkauften Einheiten
(alle Modellvarianten) ein beson-
derer Meilenstein in der BMW-
Coupé-Geschichte: Seine Acht-
und Zwölf-Zylinder-Motoren katapultierten den schnittigen
Wagen auf bis zu 250 km/h und ermöglichten seinem Fahrer
ein bis dahin unerreichtes genussvolles Dahingleiten.

Hubraum/Zylinder: 5379 ccm/12 Z.
PS/kW: 326/240
Bauzeit: 1992–1996
Stückzahl: 1510

BMW Turbo

1972, im Jahr der Olympischen Spiele, entstand mit dem BMW Turbo ein Versuchslabor auf Rädern. Diese mit Flügeltüren ausgestattete Stylingstudie wurde als reiner Zweisitzer konzipiert und verfügte als Besonderheit über ein Warngerät für den Brems- bzw. Sicherheitsabstand zum Vordermann. Der unter der Kunststoffkarosserie platzierte Turbomotor ermöglichte eine Spitze von 250 km/h.

Hubraum/Zylinder: 1990 ccm/4 Zyl.
PS/kW: 280/206
Bauzeit: 1972
Stückzahl: 2

BMW 2002 turbo

Einen ungünstigeren Zeitpunkt als
die Ölkrise hätte es kaum geben
können: Der BMW 2002 turbo,
ein kostspieliges Liebhaberfahr-
zeug, debütierte ausgerechnet
1973. Das 210 km/h schnelle
Insidermodell (ab 18720 DM
erhältlich) blieb nur zehn Monate lang in Produktion. Heute
ist der mit einem auffälligen Bugspoiler bestückte Wagen ein
heiß begehrter Klassiker.

Hubraum/Zylinder: 1990 ccm/4 Zyl.
PS/kW: 170/125
Bauzeit: 1973–1974
Stückzahl: 1672

BMW M1

Als 1978 der Pariser Automobil
Salon seine Pforten öffnete, kann-
ten die Sportwagenfans nur ein
Ziel – die Repräsentanz der BMW
Motorsport GmbH. Dort stand der
seinerzeit schnellste Straßensportwagen Deutschlands, der BMW
M1. Er war nur 1140 Millimeter hoch, 277 PS stark und
deutlich über 260 km/h schnell. Zu erwerben war das
elegante Sportgerät übrigens für genau 100000 DM!

Hubraum/Zylinder: 3453 ccm/6 Zyl.
PS/kW: 277/204
Bauzeit: 1978–1981
Stückzahl: 450

BMW M3

Auf der IAA im Herbst 1985 zeigte sich der M3 erstmals einer breiten Öffentlichkeit. Auch ohne Sonderlackierung war er unschwer von den übrigen 3ern zu unterscheiden: Eine Handbreit über dem Kofferraumdeckel thronte ein wagenbreiter Heckflügel. Wer lange genug verglich, entdeckte auch, dass die C-Säule beim M3 eine Nuance breiter war und flacher auslief.

Hubraum/Zylinder: 2302 ccm/4 Zyl.
PS/kW: 200/147
Bauzeit: 1986–1990
Stückzahl: 17 704

BMW M3 Evo

Die Standfestigkeit des M3-Vier-
zylinders im harten Einsatz auf
den Rennstrecken bescherte den
Privatkunden 1988 ein spezielles
Angebot: Mit dem Zusatz „Evo"
(für „Evolution") legte BMW einen
besonders leistungsstarken M3 mit
viel Spoilerwerk auf. Befeuert wurde diese Version von einer
220-PS-Maschine, die Kat-Variante brachte es auf 215 PS.

Hubraum/Zylinder: 2467 ccm/4 Zyl.
PS/kW: 220/162
Bauzeit: 1988–1991
Stückzahl: 500

BMW Z1

Zehn Jahre nach dem Debüt des M1 sorgte der Z1 für Aufsehen. Die BMW Technik GmbH hatte ihn ursprünglich als Technologieträger für alternative Karosseriekonzepte erdacht und gebaut. Als der Roadster schließlich in Serie ging, be-

Hubraum/Zylinder: 2494 ccm/6 Zyl.
PS/kW: 171/126
Bauzeit: 1986–1991
Stückzahl: 8012

saß er ein Stahl-Monocoque-Chassis. Diese Konstruktion war einerseits leicht, wies aber andererseits eine enorme Steifigkeit auf.

BMW Z3 2.0i

Kaum war der Z1 aus dem Programm genommen, wurden die Rufe der Kunden nach einem Nachfolger laut. Und sie wurden erhört: 1995 debütierte der Z3, der erste BMW aus Amerika. Er wurde ausschließlich im Werk Spartanburg/South Carolina hergestellt und von dort in alle Welt exportiert. 1998 gesellte sich zum Roadster ein weiteres Erlebnisfahrzeug – das Z3 Coupé – hinzu.

Hubraum/Zylinder: 1991 ccm/6 Zyl.
PS/kW: 150/110
Bauzeit: 1999–2000
Stückzahl: –

Ford Capri RS 2600

Mit einer in mattem Schwarz lackierten Haube, die dezent die
Sportlichkeit der RS-Version unter-
strich, eroberte sich der Capri I in
den 1970er Jahren die Herzen der
jüngeren Generation. Während
das schwächste Modell sich mit
einem V4-Motor (50 PS) zufrieden geben musste, bot der RS
(sechs Zylinder) echtes Sportvergnügen.

Hubraum/Zylinder: 2550 ccm/6 Zyl.
PS/kW: 150/110
Bauzeit: 1970–1973
Stückzahl: –

Isdera Imperator 108i

Die schwäbische Ingenieurgesell-schaft für Styling, Design und Racing mbH – kurz Isdera – stellt seit 1983 diverse hochkarätige Sportwagen her. Alle Modelle entstehen in Kleinstauflage und Handarbeit, ein Garant für die Exklusivität der Marke. Der Imperator 108i, dessen Flügeltüren an den Mercedes-Benz-C-111-Prototypen der 1960er Jahre erinnern, feierte sein Debüt auf dem Genfer Salon 1984.

Hubraum/Zylinder: 4973 ccm/8 Zyl.
PS/kW: 330/243
Bauzeit: 1984–1990
Stückzahl: –

Isdera Commendatore 112i

Als der „Commendatore 112i" 1993 auf den Markt kam, kostete er etwa 400000 DM. Dafür erhielt man einen 342 km/h schnellen Supersportwagen, unter dessen zweigeteilter Motorhaube im Heck ein Mercedes-Benz-Motor arbeitete. Die Karosserie des ultraflachen Commendatore (104 Zentimeter) ruhte auf einem stabilen Gitterrohrrahmen und wurde, um Gewicht zu sparen, aus Glasfiber gefertigt.

Hubraum/Zylinder: 6900 ccm/12 Z.
PS/kW: 620/403
Bauzeit: ab 1993
Stückzahl: –

Mercedes-Benz 350 SL

Die Entscheidung, 1971 eine neue
SL-Generation auf den Markt
zu bringen, fällte Daimler-Benz
schon 1968. Der unter dem werks-
internen Kürzel R 107 gefertigte
Roadster blieb zur Freude seiner
Fans von einem hässlichen, die
Linie zerstörenden Überrollbügel verschont. Dafür blieb
als einziges Sicherheitspotenzial bei einem eventuellen
Überschlag die kräftig strukturierte A-Säule.

Hubraum/Zylinder: 3499 ccm/8 Zyl.
PS/kW: 200/147
Bauzeit: 1971–1980
Stückzahl: –

Mercedes-Benz 500 SL

In seiner so erst nicht geplanten,
aber letztlich 18 Jahre andauernden
Lebenszeit wurden dem SL (R 107)
eine ganze Reihe von Sechs- und
Achtzylindermotoren eingepflanzt.
Entsprechend vielfältig waren
die Modellbezeichnungen. Insge-
samt verließen exakt 237 287 SL (alle Versionen zusammen-
gefasst) die Bänder. Der 280 SL und der 300 SL (ab 1985)
gehörten übrigens zur erfolgreichen „Sechszylinderfraktion".

Hubraum/Zylinder: 4973 ccm/8 Zyl.
PS/kW: 240/176
Bauzeit: 1980–1989
Stückzahl: –

Mercedes-Benz SL 600

Der V12-Motor des SL 600 entwickelte bereits bei 1800/min
sein maximales Drehmoment
von 800 Newtonmetern – damit
war Souveränität in jeder Fahr-
situation gewährleistet. Für die
Beschleunigung von null auf
100 km/h benötigte der SL 600 nur 4,7 Sekunden. Den Zwi-
schenspurt von 60 auf 120 km/h absolvierte er in 4,9 Sekunden, die Höchstgeschwindigkeit wurde elektronisch auf
250 km/h begrenzt.

Hubraum/Zylinder: 5987 ccm/12 Z.
PS/kW: 394/290
Bauzeit: 1993–2001
Stückzahl: –

Mercedes-Benz CLK-GTR

Formal auf Basis des Mercedes-Coupés CLK hatte Daimler-Benz einen Hochleistungs-Sportwagen entwickelt, der zugleich die Grundlage eines neuen Rennfahrzeugs für die FIA-GT-Meisterschaft bildete. Als Ableger dieses Super-Coupés entstand auch eine limitierte straßentaugliche Version.

Hubraum/Zylinder: 6900 ccm/12 Z.
PS/kW: 560/412
Bauzeit: 1997–2000
Stückzahl: –

Opel Ascona B 400

Speziell für den Werkseinsatz verwandelte Opel den an und für sich recht biederen Ascona B in ein heißes Wettbewerbsmodell, mit dem Walter Röhrl seinerzeit die Rallye-Weltmeisterschaft gewann. Privatfahrer profitierten von einer zivileren Variante: Für sie baute Opel den über 200 km/h schnellen Ascona 400 mit gedrosselter Leistung.

Hubraum/Zylinder: 2400 ccm/4 Zyl.
PS/kW: 140/103
Bauzeit: 1979–1981
Stückzahl: –

Opel Manta B 400

Als Nachfolger für den Ascona 400
präsentierte Opel 1981 den Man-
ta 400. Er sprach besonders sportlich orientierte Fahrer an und
wurde mit einem 16-Ventil-Motor
mit zwei obenliegenden Nockenwellen bestückt. Ein Sportfahrwerk,
innenbelüftete Scheibenbremsen sowie Aluräder mit Pneus
der Dimension 205/50 VR 15 unterstrichen zusätzlich den
sportlichen Charakter.

Hubraum/Zylinder: 2400 ccm/4 Zyl.
PS/kW: 144/106
Bauzeit: 1981–1984
Stückzahl: –

Porsche Carrera RS 2.7

1972 wurde zum ersten Mal einem Porsche 911 der Carrera-Schriftzug verliehen. Der Name stammte von der Carrera Panamericana, einem Straßenrennen, das in den 1950er Jahren durch Mexiko führte. Der 911 Carrera RS 2.7 avancierte dank seiner 210 PS zum schnellsten Straßenauto Deutschlands. Die Höchstgeschwindigkeit lag bei 245 km/h. Charakteristisches Merkmal dieses Modells war der „Entenbürzel" am Heck.

Hubraum/Zylinder: 2687 ccm/6 Zyl.
PS/kW: 210/154
Bauzeit: 1973–1975
Stückzahl: –

Porsche 911 Carrera 3.2

 Überlegene Fahrleistungen zeichne-
ten den Sportwagen aus Zuffen-
hausen von Anfang an aus. 1963
hieß das: innerhalb von 9,1 Sekunden von null auf Tempo 100 km/h,
Höchstgeschwindigkeit 210 km/h.
Damals wie heute handelt es sich
beim Triebwerk um einen Sechszylinder-
Boxer-Motor mit unverwechselbarem Sound, auch
wenn die Leistung inzwischen – je nach Modell –
auf mehr als 420 PS angestiegen ist.

Hubraum/Zylinder: 3164 ccm/6 Zyl.
PS/kW: 231/170
Bauzeit: 1983–1989
Stückzahl: –

Porsche 911 Carrera 2 Speedster

Den Speedster baut nur Porsche.
Dort hat er seit 1954 Tradition. Er
wurde schon immer in geringen
Stückzahlen gefertigt, und daran
wird sich auch in Zukunft nichts
ändern. Nach dem Erfolg des
Speedsters von 1988 präsentierte
Porsche drei Jahre später auf dem Pariser Salon einen
Nachfolger. Der Speedster läuft übrigens 260 km/h und
beschleunigt in 5,7 Sekunden auf 100 km/h.

Hubraum/Zylinder: 3164 ccm/6 Zyl.
PS/kW: 231/170
Bauzeit: 1988–1989
Stückzahl: 2103

Porsche 911 GT 1

Nachdem der **Porsche 911 GT 1** im
Jahre 1996 gleich mehrere Siege
eingefahren hatte, entschied das
Werk, diesen Super-Sportwagen in
einer exklusiven Kleinserie auch
als Straßenversion zu bauen. Der
1150 Kilogramm leichte GT 1 be-

Hubraum/Zylinder: 3163 ccm/6 Zyl.
PS/kW: 544/400
Bauzeit: 1997
Stückzahl: 30

schleunigt von null auf 100 km/h in nur 3,7 Sekunden
und bringt es auf eine Spitze von 310 km/h. Das seinerzeit
1,5 Millionen DM teure Sportgerät wurde speziell nach
Kundenwunsch lackiert.

Porsche 944 Turbo S

Der Porsche 944 zählte zu jenen Automobilen, die vom Verkaufsstart an hervorragend Absatz fanden. Die Kunden akzeptierten den schon für das Grundmodell recht hohen Preis und orderten auch fleißig jene Modelle, die in

Hubraum/Zylinder:	2479 ccm/4 Zyl.
PS/kW:	250/184
Bauzeit:	1988
Stückzahl:	–

noch höheren Regionen zu Hause waren. Dazu gehörte neben dem 944 Turbo (ab 220 PS, Höchstgeschwindigkeit 260 km/h) auch der besonders bissige 944 Turbo S des Modelljahrs 1988.

Porsche 959

Von großer Bedeutung in der Geschichte des Hauses Porsche war
das Jahr 1987: Man stellte einen
ganz besonderen Vertreter der
Baureihe 911 vor, das Modell 959.
Der 959 war ein „Über-911" und
ein allradgetriebener Technologie-
träger. Zunächst für den Motorsport in der sogenannten
„Gruppe B" vorgesehen, wurde in diesem Hochleistungssportwagen ohne wirtschaftliche Vorgaben eingebaut, was technisch machbar war.

Hubraum/Zylinder: 2849 ccm/6 Zyl.
PS/kW: 450/331
Bauzeit: 1987–1988
Stückzahl: 292

Porsche Boxster

Einen neuen Leistungs- und Sicher-
heitsstandard im Marktsegment
der offenen Sportwagen setzt im
Hause Porsche seit September
1996 der Boxster, der die fahr-
dynamischen Qualitäten eines
Sportwagens mit uneingeschränk-
ter Alltagstauglichkeit verbindet. Eine neuartige Verdeck-
kinematik ermöglicht konkurrenzlos schnelles Öffnen und
Schließen des elektrisch zu bedienenden Verdecks in nur
zwölf Sekunden.

Hubraum/Zylinder: 2480 ccm/6 Zyl.
PS/kW: 204/150
Bauzeit: 1996–1999
Stückzahl: –

Volkswagen Golf GTI

1976 sorgt ein 182 km/h flotter
und kompakter Volkswagen für
Aufruhr, weil er erstmals in den
Rückspiegeln schneller Sportwagen und schwerer Limousinen
auftaucht – der GTI. Geplante
Auflage dieses Modells: limitierte

Hubraum/Zylinder:	1781 ccm/4 Zyl.
PS/kW:	110/81
Bauzeit:	1976–1983
Stückzahl:	350000

5000 Exemplare. Doch der GTI avanciert aus dem Stand
heraus zum Bestseller und wird zum Synonym der sportlichen Kompaktklasse.

Volkswagen Golf GTI

Auch in der zweiten, 1984 vorgestellten Generation bleibt der GTI
ein Phänomen innerhalb der
Marke VW. Obwohl er sich den
Markt nun mit Mitbewerbern
namens GSi oder XRi teilen muss,
entscheidet sich die Mehrheit der
Käufer für das „Original" unter den schnellen Kompakten.
Die durchschnittliche Jahresproduktion des GTI liegt bei
630000 Einheiten.

Hubraum/Zylinder: 1781 ccm/4 Zyl.
PS/kW: 129/95
Bauzeit: 1984–1990
Stückzahl: –

Volkswagen Golf GTI G 60

1991 debütierte die dritte, bis 1997 gebaute GTI-Generation, für die sich – statistisch betrachtet – jährlich etwa 530000 Autofahrer erwärmen konnten. Zu den Highlights der dritten Baureihe zählte auch der nur für kurze Zeit aufgelegte G 60, dem mittels eines Ladeluftkühlers zu 160 PS Leistung verholfen wurde. Er erreichte eine Spitze von 220 km/h.

Hubraum/Zylinder: 1781 ccm/4 Zyl.
PS/kW: 160/118
Bauzeit: 1991
Stückzahl: –

Volkswagen Scirocco GTI

1974, noch vor dem Debüt des Golf, kam bereits seine Coupé-Version namens Scirocco auf den Markt. Nachdem sich der neue 2+2-Sitzer auf dem Markt gut platziert hatte, wurde die Modellreihe 1976 um eine 190 km/h schnelle GTI-Variante ergänzt. Ende 1980, nach etwa 495000 gebauten Einheiten (alle Modelle) endete die Karriere der ersten Scirocco-Generation.

Hubraum/Zylinder: 1781 ccm/4 Zyl.
PS/kW: 110/81
Bauzeit: 1976–1980
Stückzahl: –

Volkswagen Scirocco GTI 1.8 16V

Wesentlich glatter gestylt als sein Vorgänger zeigte sich ab 1981 der Scirocco II auf den Straßen. Dieses von Giugiaro gezeichnete Modell wurde zuletzt mit dem 1,8 Liter großen Einspritzmotor bestückt, entweder mit zwei oder mit vier Ventilen pro Zylinder. Letztere Version brachte den Scirocco nach 8,6 Sekunden an die 100-km/h-Marke, die Spitze lag bei 200 km/h.

Hubraum/Zylinder: 1781 ccm/4 Zyl.
PS/kW: 129/95
Bauzeit: 1985–1992
Stückzahl: –

Volkswagen Corrado 1.8 G 60

Von der technischen Grundlage her basierte der VW Corrado (1988 bis 1995) auf dem Golf II. Das Werk sah in dem modernen 2+2-Sitzer mit großer Heckklappe den Scirocco-Nachfolger – leider bewegte er sich aber in weitaus höheren Preisregionen. Gebaut wurde der bis 235 km/h schnelle Wagen in drei Leistungsstufen: 136 PS, 160 PS und 190 PS.

Hubraum/Zylinder: 1781 ccm/4 Zyl.
PS/kW: 160/118
Bauzeit: 1988–1993
Stückzahl: –

G594 DNV

AC Autocraft Cobra

Von 1986 an entstanden auf der Britischen Insel in der Nähe von Weybridge wieder Sportwagen, die berechtigt waren, den Markennamen Cobra zu führen. Die Herstellerfirma (AC Autocraft) nutzte zur Produktion der Alu-Karosserie übrigens die alten Originalpressen, beim Motor handelte es sich standesgemäß um ein Ford Aggregat. 1995 stellte Autocraft die Produktion jedoch schon wieder ein.

Hubraum/Zylinder: 4942 ccm/8 Zyl.
PS/kW: 224/165
Bauzeit: 1986–1995
Stückzahl: –

Aston Martin V8

Um den US-Abgasvorschriften entsprechen zu können, lancierte
Aston Martin innerhalb kürzester
Zeit die dritte und vierte Serie
des achtzylindrigen Coupés.
Anstelle einer Bosch-Einspritz-
anlage favorisierte man vier
Weber-Doppelvergaser, die sich leichter einstellen ließen.
Im Hinblick auf Leistungsangaben hielt sich das Werk
übrigens vornehm zurück, veröffentlichte Angaben
beriefen sich stets auf Schätzungen.

Hubraum/Zylinder: 5340 ccm/8 Zyl.
PS/kW: keine Angaben
Bauzeit: 1973–1977
Stückzahl: –

Aston Martin V8 Zagato Coupé

Eigentlich wollte man mit dem V8
Zagato Coupé einen 300 km/h
schnellen Wagen auf die Räder
stellen. Doch das Ziel wurde
knapp verfehlt, lediglich 299 km/h
ließen sich messen. Von diesem
recht gewöhnungsbedürftig
gestylten Coupé war in den Jahren 1987/88 auch ein
Cabriolet-Ableger zu erstehen. Er brachte es gerade
mal auf 37 Einheiten und gehört heute zu den großen
Raritäten der Marke Aston Martin.

Hubraum/Zylinder: 5340 ccm/8 Zyl.
PS/kW: keine Angaben
Bauzeit: 1986–1988
Stückzahl: 52

Aston Martin Vantage Le Mans

Für Aston-Martin-Fahrer, die das Besondere suchten, hielt das Werk mit dem Virage „Limited-Edition-Coupé" bereits 1994 eine interessante Sonderedition bereit – diesen Wagen gab es nur zehnmal. Zwei Jahre später durften sich die Sammler wieder freuen, denn zum Auslaufen der Virage- bzw. Vantage-Baureihe erschien als letzte Ausbaustufe die genau 40-mal gebaute „Le-Mans"-Version.

Hubraum/Zylinder:	6347 ccm/8 Zyl.
PS/kW:	600/441
Bauzeit:	1996–1999
Stückzahl:	40

Jaguar E-Type Series 3

Der Jaguar E-Type machte nicht nur auf den Boulevards und Straßen eine gute Figur, er hatte auch die Lizenz zum Siegen, und zwar im Motorsport. Unter anderem zählte Graham Hill zu den Fahrern, die in Brands Hatch und Silverstone für viel Aufmerksamkeit sorgten. Der Erfolg im sportlichen Wettbewerb bescherte Jaguar bis zum Produktionsende 1974 stets hohe Verkaufszahlen.

Hubraum/Zylinder: 5354 ccm / 12 Z.
PS/kW: 276/202
Bauzeit: 1971–1974
Stückzahl: 15287

Jaguar XJ 220

Nach dem erfolgreichen Debüt des XJ-220-Prototypen entschloss sich Jaguar, diesen Supersportwagen in etwas abgewandelter Form doch als Kleinserienmodell auf den Markt zu bringen. Entgegen früheren Plänen verzichtete man allerdings auf Allradantrieb und anstelle des 12-Zylinder-Motors wurde die 320 km/h schnelle Serienversion mit einem leistungsstarken V6-Turbo-Motor bestückt.

Hubraum/Zylinder: 3498 ccm/6 Zyl.
PS/kW: 549/404
Bauzeit: 1992–1994
Stückzahl: 280

Jensen S V8

Auch die britische Sportwagenmarke
Jensen hoffte Mitte der 1990er
Jahre auf ein Comeback: Unter
der Regie von Graham Morris,
eines früheren Rolls-Royce-Mitar-
beiters, wurde das Unternehmen
noch einmal neu gegründet. Als

Hubraum/Zylinder: 4600 ccm/8 Zyl.
PS/kW: 316/232
Bauzeit: 1998–2002
Stückzahl: 24

1999 der funkelnagelneue Jensen Roadster zu haben war,
lagen angeblich schon 200 Bestellungen vor, doch leider
reichte das Geld lediglich zum Bau von 24 Exemplaren.

Lotus Esprit V8

Mit dem zeitlos gezeichneten Esprit
brachte Lotus ein Modell auf den
Markt, das exakt dem Kundenwunsch entsprach. Dank guter
Verkaufszahlen wurde die Modellpalette zügig ausgebaut; in der
letzten Ausbaustufe erschien der
282 km/h schnelle Esprit V8. Dementsprechend hoch war die
Tankrechnung: Der Durchschnittsverbrauch lag bei 20 Litern
auf 100 Kilometern.

Hubraum/Zylinder: 3500 ccm/8 Zyl.
PS/kW: 354/260
Bauzeit: 1997–2004
Stückzahl: –

Lotus Elise

Mitte der 1990er Jahre entwickelten die Lotus-Ingenieure mit dem Elise einen Wagen, der laut Presseinfo „ein Riesenspaß zum Fahren ist". Das Spaßmobil basiert auf einem Aluminium-Rahmen und wiegt gerade mal 690 Kilogramm. In Verbindung mit 120 PS lässt sich eine Spitze von 202 km/h erreichen.

Hubraum/Zylinder: 1796 ccm/4 Zyl.
PS/kW: 120/88
Bauzeit: ab 1997
Stückzahl: –

Lotus Elise 340 R

Das unwiderstehliche Aussehen des 340 R und seine minimalistische Karosserie (kein Dach!) machen dieses etwa 52000 Euro teure Automobil zu einem kompromisslosen Sportwagen für Enthusiasten. Ursprung des Sondermodells war eine preisgekrönte Designstudie, die Lotus 1998 auf der Motor Show in Birmingham vorstellte.

Hubraum/Zylinder: 1796 ccm/4 Zyl.
PS/kW: 177/130
Bauzeit: 1999–2000
Stückzahl: 340

TVR S4C

Neben dem heimischen Markt spielt der Absatz auf dem US-Markt für TVR eine besonders wichtige Rolle: ein weiterer Grund, weshalb TVR seit langem schon den Einbau hubraumstarker Motoren favorisiert. Als Alternative zur oberen Leistungsstufe brachte man von dem TVR V8S Roadster auch eine etwas weniger agile Version mit Sechszylinder-Motor (S4C) heraus.

Hubraum/Zylinder: 2933 ccm/6 Zyl.
PS/kW: 175/129
Bauzeit: 1991–1997
Stückzahl: –

Bugatti EB 110 SS

1987 kaufte der italienische Unter-
nehmer Romano Artiolo die
Namensrechte der ehemaligen
Luxusmarke Bugatti. In seinem
Werk bei Modena entstanden
zwei Jahre später mit den Modellen EB 110 GT und EB 110 SS

Hubraum/Zylinder:	3500 ccm/12 Z.
PS/kW:	600/441
Bauzeit:	1992–1995
Stückzahl:	32

wieder Sportwagen, die den Markennamen Bugatti trugen.
1995 stellte die Bugatti Automobili Spa den Betrieb ein, und
die Rechte wechselten erneut den Besitzer, diesmal griff die
Volkswagen AG zu.

Citroën SM

Die Überraschung war perfekt: 1970 zeigte Citroën mit dem Modell SM nicht nur ein technisches Wunderwerk, sondern den (damals) schnellsten Fronttriebler der Welt! Dieser Wagen war ein Gemeinschaftswerk zwischen Citroën und

Hubraum/Zylinder:	2670 ccm/6 Zyl.
PS/kW:	170/125
Bauzeit:	1970–1975
Stückzahl:	12920

Maserati. Während Citroën für die raffinierte hydropneumatische Federung verantwortlich zeichnete, steuerte Maserati den V6-Motor mit vier obenliegenden Nockenwellen bei.

Alpine A 310 (Renault)

Ab 1977 erhielt der Alpine A 310 anstelle eines Vierzylinder-Motors einen stärkeren Sechszylinder, der seine Bewährungsprobe bereits im Renault 30 bestanden hatte. Optisch erkannte man den sechszylindrigen Alpine vor allem an den neu gestalteten Scheinwerfern, seinen Dreilochfelgen und der verbreiterten Spur. Das Interieur profitierte von sogenannten Pilotsitzen mit verstellbarer Seitenführung.

Hubraum/Zylinder: 2664 ccm/6 Zyl.
PS/kW: 150/110
Bauzeit: 1977–1981
Stückzahl: ca. 9200

Renault Alpine V6 GT Turbo

Für die Herstellung der selbst
tragenden Kunststoff-Karosserie
hatte Alpine ein Verfahren entwickelt, durch das ein Trägerrahmen
aus Stahl mit Polyester-Werkstoff
verstärkt und verkleidet wurde.
Besonderen Wert legten die Kon-
strukteure auf den Luftwiderstand – dank der fließenden
Linienführung und des verkleideten Unterbodens der Alpine
beträgt der Luftwiderstandsbeiwert c_w gerade mal 0,30.

Hubraum/Zylinder: 2458 ccm/6 Zyl.
PS/kW: 200/147
Bauzeit: 1986–1991
Stückzahl: 325

Renault 5 Turbo

Um 1980 an der Rallye-Weltmeisterschaft teilnehmen zu können, stellte Renault mit dem R5 Turbo einen Homologationswagen auf die Räder, dessen aufgeblasener Motor nicht vorn, sondern anstelle der Rücksitzbank montiert wurde.

Hubraum/Zylinder: 1397 ccm/4 Zyl.
PS/kW: 160/118
Bauzeit: 1980–1986
Stückzahl: ca. 4000

Das so zum Zweisitzer mutierte Gefährt erhielt außerdem ein neu konstruiertes Fahrwerk und wurde mit extremen Breitreifen bestückt.

Renault Spider

„Konzipiert für den Rennsport – dressiert für den Straßengebrauch", so lautet der Titel einer Pressemitteilung, die Renault zum Debüt des Spiders herausgab. Der Spider ist nämlich das Ergebnis einer großen Leidenschaft des Hauses: des Motorsports. Wer solch einen „Duoposto" besitzt, kann damit nicht nur auf der Straße, sondern auch auf der Piste seine Runden drehen.

Hubraum/Zylinder: 1998 ccm/4 Zyl.
PS/kW: 147/108
Bauzeit: 1996–1999
Stückzahl: 1640

Renault Clio Sport V6 24 V

Seine Premiere hatte der Clio Sport
V6 24 V als Concept-Car auf dem
Pariser Automobilsalon 1998.
Eigentlich wollte Renault damit
nur die Reaktionen des Publikums
testen: Dabei wurden Erinnerun-
gen an die Tage des Renault 5

Hubraum/Zylinder: 2946 ccm/6 Zyl.
PS/kW: 226/166
Bauzeit: 1999–2002
Stückzahl: 1647

Turbo wach, und man konnte nicht anders, als das Clio-Con-
cept-Car weiterzuentwickeln und in Kleinserie auf den Markt
zu bringen.

Venturi Atlantique 300

🚗 **1984 gründeten ehemalige** Renault-
Alpine-Mitarbeiter die Firma Venturi. Ihr Ziel, einen Sportwagen
zu entwickeln und zu etablieren,
erreichten sie nach mehreren
Fehlschlägen erst zehn Jahre später mit dem Modell Atlantique.

Hubraum/Zylinder: 2975 ccm/6 Zyl.
PS/kW: 310/228
Bauzeit: 1995–2001
Stückzahl: –

Der Atlantique, ein Mittelmotor-Sportwagen mit Kunststoff-
karosserie, kostete etwa 80000 Euro. Da ein Venturi immer
voll ausgestattet war, gab es keine (!) Aufpreisliste.

Alfa Romeo Alfetta GT

1972 stellte Alfa Romeo mit der
Alfetta eine moderne viertürige
Limousine der Öffentlichkeit vor.
Das dazu passende Gegenstück,
ein zweitüriges Sportcoupé,
wurde zwei Jahre später unter
der Modellbezeichnung Alfetta GT

Hubraum/Zylinder:	1570 ccm/4 Zyl.
PS/kW:	109/80
Bauzeit:	1974–1976
Stückzahl:	–

in Produktion genommen. Käufer konnten zwischen einem
1,6-, einem 1,8- und einem 2-Liter-Vierzylinder wählen.
Damit erreichte das Coupé eine Spitze von 180 bis 210 km/h.

Alfa Romeo R.Z.

Das faszinierende Design, das den
230 km/h schnellen R.Z. zu einem
Objekt der Begierde machte, entstand wie so oft am Zeichenbrett
des Karossiers Zagato. Der aus
Glasfiber gefertigte Aufbau wurde
in Handarbeit auf den leicht mo-

Hubraum/Zylinder: 2959 ccm/6 Zyl.
PS/kW: 210/154
Bauzeit: 1989–1994
Stückzahl: 1000

difizierten Unterbau eines Alfa Romeo 75 gesetzt. Mit einem
Listenpreis von 130000 DM ließ sich das Werk diese gelun-
gene Synthese allerdings auch gut bezahlen.

Alfa Romeo Spider

Als **Alfa Romeo** den legendären Spider in seine letzte Produktionsrunde schickte, erhielten die Fans nach langem Warten den Wagen, den sie sich eigentlich von Anfang an gewünscht hatten. Endlich stimmte die Linie, und es gab weder hässliche Spoiler noch Gummi-Anbauteile. Zu haben war die Variante mit einem 1,6- oder 2,0-Liter-Motor, die Höchstgeschwindigkeit lag zwischen 180 und 195 km/h.

Hubraum/Zylinder: 1962 ccm/4 Zyl.
PS/kW: 120/88
Bauzeit: 1990–1994
Stückzahl: –

De Tomaso Panthera

Der einst für Maserati und Osca
erfolgreiche argentinische Rennfahrer Alejandro de Tomaso gründete 1959 seine Automobilfabrik.
Mit den zunächst gebauten Mono-
posto-Rennern ließ sich allerdings
kaum Geld verdienen. Richtig be-
rühmt wurde die Marke erst nach dem Debüt des
Bestsellers Panthera, den es in mehreren Leistungsstufen und Versionen gab.

Hubraum/Zylinder: 5796 ccm/8 Zyl.
PS/kW: 330/243
Bauzeit: 1970–1996
Stückzahl: ca. 9000

Ferrari 365 GT/4 BB

Die Berlinetta Boxer (BB) war Ferraris erster Straßensportwagen mit einem mittig platzierten Antriebsaggregat. Der 4,4 Liter große Zwölfzylinder verfügte über vier obenliegende Nockenwellen, die – auch das war neu – nicht per Kette, sondern mithilfe von zwei Zahnriemen angetrieben wurden. Die Fahrleistungen: von null auf 100 km/h in 6 Sekunden bei einer Spitze von 278 km/h.

Hubraum/Zylinder: 4391 ccm/12 Z.
PS/kW: 351/258
Bauzeit: 1971–1976
Stückzahl: 387

Ferrari 512 BB

Im Rahmen der Weiterentwicklung und Modellpflege folgte dem 365 GT/4 BB Ende 1976 der 512 BB. Bei ihm bezieht sich die Typenbezeichnung nicht mehr auf den Hubraum eines einzelnen Zylinders: „5" steht für 5 Liter Hubraum insgesamt und die „12" bedeutet 12 Zylinder. Die ab 1981 gebauten Versionen mit elektronischer Benzinein-spritzung trugen die Bezeichnung 512 BBi.

Hubraum/Zylinder: 4943 ccm/12 Z.
PS/kW: 360/265
Bauzeit: 1976–1981
Stückzahl: 929

Ferrari Testarossa

Das gewöhnungsbedürftige Design des Testarossa war nicht jedermanns Geschmack, doch die geschwungenen Schlitze in den Flanken erfüllten ihren Zweck: Sie führten den vor den Hinterrädern platzierten Kühlern ordentlich Frischluft zu. Der Zwölfzylinder-Flachmotor brachte den Testarossa auf 293 km/h Höchstgeschwindigkeit.

Hubraum/Zylinder: 4942 ccm/12 Z.
PS/kW: 390/287
Bauzeit: 1984–1996
Stückzahl: 9937

Ferrari 308 GTB

Das Baumuster 308, vor 30 Jahren gern als „Volks-Ferrari" verpönt, hat wie alle Ferrari inzwischen seinen Sammlerstatus erreicht. Es blieb fast 15 Jahre lang in Produktion und war in unterschiedlichen Karosserievarianten zu haben. Der 308 GTB (bzw. 328 GTB ab 1985) war der bisher meistverkaufte Ferrari überhaupt. Die Höchstgeschwindigkeit lag je nach Motorleistung zwischen 242 km/h und 267 km/h.

Hubraum/Zylinder: 2926 ccm/8 Zyl.
PS/kW: 227/167
Bauzeit: 1975–1989
Stückzahl: 21 700 (alle Baureihen)

Ferrari 288 GTO

Auf den ersten Blick sieht der GTO mehr nach einem aufgeblasenen 308 GTB aus, doch die Eckdaten dieses agilen Achtzylinders (305 km/h Spitze) sprechen für sich: Sein nicht quer, sondern längs eingebauter Doppelturbo-Motor mobilisiert 400 Pferdestärken und dreht dabei 7000 Touren/min. Zu haben war der GTO in nur einer Farbe: Rot!

Hubraum/Zylinder: 2855 ccm/8 Zyl.
PS/kW: 400/294
Bauzeit: 1984–1986
Stückzahl: 272

Ferrari F 40

Der als **GTO-Nachfolger** konzipierte F 40 bereicherte passend zum 40-jährigen Firmenjubiläum die Sportwagenszene. Die Tachonadel dieses rasanten Sportwagens kommt erst bei 324 km/h zum Stillstand, die Beschleunigung aus dem Stand bis zur 100-km/h-Marke ist bereits nach 4,6 Sekunden erreicht. Als Neuwagen kostete der F 40 260000 DM, heute zahlt man für das Objekt der Begierde ein Vielfaches.

Hubraum/Zylinder: 2936 ccm/8 Zyl.
PS/kW: 478/351
Bauzeit: 1987–1992
Stückzahl: 1311

Fiat 124 Spider Volumex

Fiat-Spider-Fahren in extrem sportlicher Form war nur mit dem Spider Volumex möglich. Gegenüber
den anderen Spider-Modellen
sorgte unter seiner Haube ein
sogenanntes Roots-Kompressor-
gebläse für reichlich Leistung.

Hubraum/Zylinder: 1995 ccm/4 Zyl.
PS/kW: 135/99
Bauzeit: 1984–1985
Stückzahl: –

Der von Haus aus mit Leichtmetallrädern und dezenter
Kotflügelverbreiterung ausgestatte Volumex erreicht eine
Höchstgeschwindigkeit von 205 km/h.

Lamborghini Countach LP 400

1974 wurde endlich die serien-
reife Version des neuen Countach
LP 400 der Öffentlichkeit präsen-
tiert. In die Entwicklung dieses
Hochleistungswagens waren jede
Menge Erkenntnisse aus dem
Motorsport eingeflossen, ein

Hubraum/Zylinder:	3929 ccm/12 Z.
PS/kW:	375/275
Bauzeit:	1974–1978
Stückzahl:	150

erster Prototyp (LP 500) des flachen „Rennkeils" war
bereits auf dem Genfer Salon 1971 zu sehen. Das
Spektakuläre am LP 400 waren natürlich seine nach
oben weg schwingenden Türen.

Lamborghini Countach 25

1982 kam im Countach LP 500 S ein neuer 5-Liter-Motor mit 375 PS zum Einsatz. 1985 erfuhr der Bolide mit neuer Vierventil-Technik seine dritte Produktaufwertung und wurde in LP 500 S QV umbenannt. Als Lamborghini 1988 sein

Hubraum/Zylinder:	4754 ccm/12 Z.
PS/kW:	430/316
Bauzeit:	1988–1990
Stückzahl:	657

25-jähriges Bestehen als Hersteller von Sportwagen feiern konnte, erschien der Countach in seiner letzten Auflage, die das Werk als Jubiläumsedition auf den Markt brachte.

Lamborghini Diablo

Im Mai 1990 wurde die Produktion des Countach nach 19 Jahren Bauzeit eingestellt. Der Weg war frei für den Diablo. Produktion und Verkauf des Diablo erreichten bereits ein Jahr später ihren Höhepunkt, und die Jahresbilanz zeigte schwarze Zahlen. Doch die Krise des Weltmarktes näherte sich – Hersteller von Traumwagen mussten bereits im Folgejahr einen signifikanten Einbruch bei den Verkaufszahlen registrieren.

Hubraum/Zylinder: 5700/12 Zyl.
PS/kW: 492/362
Bauzeit: 1990–1994
Stückzahl: –

Lancia Stratos

Oft entstehen aus Serienfahrzeugen durch Tuning interessante Wettbewerbswagen – die Entwicklung des Stratos ging den umgekehrten Weg: Hier wurde ein Rennsportwagen gezähmt, um ihn straßentauglich zu machen. Bei der Straßenversion kam die Tachonadel bei 230 km/h zum Stillstand. Um Gewicht zu sparen, wurde die Karosserie des Stratos aus Kunststoff gefertigt.

Hubraum/Zylinder: 2418 ccm/6 Zyl.
PS/kW: 190/140
Bauzeit: 1973–1976
Stückzahl: 502

Lancia Delta HF Integrale 16 V

Zweifelsohne begründete das Ful-
via-Coupé in den späten 1960er
Jahren Lancias große Rallye-Tra-
dition. Mit dem Lancia Stratos
und dem legendären Typ 037
holte man sogar die ersten WM-
Titel nach Turin, und das Ende der

Hubraum/Zylinder:	1995 ccm/4 Zyl.
PS/kW:	210/155
Bauzeit:	1989–1991
Stückzahl:	–

Fahnenstange war längst noch nicht erreicht: Danach
gewannen die allradgetriebenen Modelle Delta HF 4 WD
und HF 4 Integrale die Markenwertung noch sechsmal!

Maserati Bora

Der US-Markt war für europäische Sportwagenhersteller schon immer ein lukratives Betätigungsfeld. Deshalb mussten Exoten wie der Maserati Bora (Spitze 270 km/h) stets den dortigen strengen Abgasbestimmungen entsprechen.

Zu Beginn der 1970er Jahre wurden die Gesetze noch einmal drastisch verschärft. Übrigens: Bora-Coupés erzielen heute aufgrund ihrer geringen Stückzahl besonders hohe Preise.

Hubraum/Zylinder: 4719 ccm/8 Zyl.
PS/kW: 310/227
Bauzeit: 1971–1980
Stückzahl: 571

Maserati Merak

1968 begann zwischen Maserati und Citroën eine Zusammenarbeit, die der Autowelt unter anderem den Maserati Merak bescherte. In diesem Modell wurden viele Citroën-Teile verbaut. Neben dem 3-Liter-Merak produzierte Maserati für den italienischen Markt auch eine 2-Liter-Variante. Da beide Modelle recht günstig zu erstehen waren, sorgten sie stets für volle Auftragsbücher.

Hubraum/Zylinder: 2965 ccm/6 Zyl.
PS/kW: 220/161
Bauzeit: 1972–1983
Stückzahl: ca. 1800

Maserati Shamal

Der nach einem mesopotamischen Wüstenwind benannte Shamal wurde von Marcello Gandini entworfen, der sich bereits mit dem Maserati Khamsin einen Namen gemacht hatte. Der Shamal, ein sogenannter 2+2-Sitzer, wurde mit einem V8-Biturbomotor bestückt, außerdem war er das erste mit einem Sechsgang-Schaltgetriebe ausgestattete Maserati-Modell.

Hubraum/Zylinder: 3217 ccm/8 Zyl.
PS/kW: 326/240
Bauzeit: 1990–1996
Stückzahl: –

![Saab Sonett III]

Saab Sonett III

Mit dem 1970 lancierten Sonett III wagte Saab einen letzten Versuch, dieses Modell auf dem Markt zu platzieren. Das gegenüber dem Sonett II optisch und technisch modernisierte Fahrzeug wurde nun mit einem Vierzylinder be-

Hubraum/Zylinder: 1498 ccm/4 Zyl.
PS/kW: 65/48
Bauzeit: 1970–1974
Stückzahl: 8336

stückt und mit einer modernen Knüppelschaltung sowie Leichtmetallfelgen ausgestattet. Der Aufwand hatte sich gelohnt – endlich wurde der Sonett für Saabs Kundschaft interessant.

Monteverdi Hai 450 GTS

Als Weiterentwicklung des 1970
gezeigten Einzelstücks Hai 450 SS
zeigte Peter Monteverdi drei Jahre
später den Hai 450 GTS. Wie sein
Vorgänger, wurde auch diese Version als Mittelmotor-Sportcoupé
ausgelegt, allerdings verfügte der
GTS über einen bequemeren Innenraum. Übrigens: Pro-
duktionszahlen für die exklusiven Monteverdi-Wagen
wurden nie bekannt gegeben.

Hubraum/Zylinder: 6974 ccm/8 Zyl.
PS/kW: 390/287
Bauzeit: 1973
Stückzahl: –

Chevrolet Corvette Stingray

Nach dem Modellwechsel im Jahr 1974 verabschiedete sich die Corvette von der im Überfluss vorhandenen Leistung – der „Big-Block-Motor" mit 7,4 Litern Hubraum wurde gestrichen. An seiner Stelle rumorte nun ein 5,7-Liter-

Hubraum/Zylinder: 5733 ccm/8 Zyl.
PS/kW: 220/162
Bauzeit: 1974–1982
Stückzahl: –

V8, was den Verkaufszahlen erstaunlicherweise keinen Abbruch tat, denn auch mit diesem Aggregat erreichte der Wagen locker eine Spitzengeschwindigkeit von 200 km/h.

Dodge Viper RT/10 Cabriolet

Als Dodge im Jahr 1989 eine Sport-
wagenstudie mit dem Namen
„Viper" auf diversen Autoshows
präsentierte, reagierte das Publi-
kum derart begeistert, dass der
Dodge Division nichts weiter
übrig blieb, als diesen faszinieren-
den Zweisitzer in Serie zu bauen. Im Sommer 1992
wurden die ersten – ausschließlich in Rot lackierten –
Exemplare ausgeliefert.

Hubraum/Zylinder: 7990 ccm/10 Z.
PS/kW: 364/268
Bauzeit: 1992–1996
Stückzahl: –

Dodge Viper GTS Coupé

Bereits 1996 wurde dem Roadster
eine Coupé-Variante, der GTS,
gegenübergestellt. Motortechnisch
hatte sich gegenüber dem Roadster nichts geändert, trotzdem war
der GTS ein anderer Wagen: Er
brachte dank zahlreicher Kon-
struktionsverbesserungen weit
weniger Gewicht auf die Waage, wovon
seine Agilität nur profitieren konnte.

Hubraum/Zylinder: 7990 ccm/10 Z.
PS/kW: 383/282
Bauzeit: 1996–2003
Stückzahl: –

Dodge Viper GTS-R

1996, mit der Einführung des Coupés GTS, wurde auch die Wettbewerbsversion GTS-R Realität; ein Prototyp dieser Variante (hier abgebildet) wurde bereits 1989 vorgestellt. Die bis zu 750 PS starken Wettbewerbsmodelle siegten unter anderem in Le Mans. Anlässlich dieses Erfolges legte Dodge eine entschärfte und auf 100 Einheiten limitierte Coupé-Sonderserie für den Privatfahrer auf.

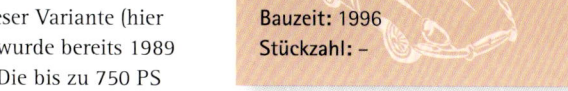

Hubraum/Zylinder: 7990 ccm/10 Z.
PS/kW: 750/551
Bauzeit: 1996
Stückzahl: –

Vector W2

Der Industriedesigner Gerald Wieger zählt zu den wenigen Menschen auf der Welt, die sich den Traum von der eigenen Automarke erfüllten. Von dem ultraflachen und 375 km/h schnellen Modell W2 (es basiert auf Corvette-Technik und hat zwei Turbolader) sollten in seinem kalifornischen Werk ab 1980 jährlich etwa 300 Einheiten entstehen, ein mehr als unrealistischer Wert.

Hubraum/Zylinder: 5733 ccm/8 Zyl.
PS/kW: 600/441
Bauzeit: 1980–2000
Stückzahl: –

Honda NSX

Während der langen Bauzeit des NSX gab es nie einen Grund, im Rahmen der Modellpflege größere kosmetische Eingriffe vorzunehmen. Das Design stimmte von Anfang an. Ein weiterer Grund, weshalb der Sportwagen fast unverändert durch die Jahre ging: Er wurde weitgehend in Handarbeit in einer eigens errichteten „Spezialfabrik" montiert.

Hubraum/Zylinder: 2977 ccm/6 Zyl.
PS/kW: 274/201
Bauzeit: 1990–1996
Stückzahl: –

Mazda RX 7

Mit dem im Frühjahr 1978 präsen-
tierten RX 7 brachte Mazda eine
neue Sportwagengeneration auf
den Markt, die sich vom Konzept
her und im Rahmen der Modellpflege bis zum Jahr 2002 halten
sollte. Das „RX 7" oder auch
„Savanna" genannte Coupé
bestückte man mit einem Kreiskolbenmotor – dieses
von Felix Wankel entwickelte Konzept wurde bei Mazda
noch einmal verbessert.

Hubraum/Zylinder: Kammervolu-
men 2292 ccm
PS/kW: 105/77
Bauzeit: 1978–1982
Stückzahl: –

Mazda RX 7

Mit einem verbesserten Fahrwerk und einer modernisierten Karosserie startete 1985 die dritte Auflage des RX 7. Neben dem Coupé baute Mazda ab 1989 auch eine Cabriolet-Version. Standardmäßig erbrachte der Motor eine Leistung von 150 PS. Die alternativ angebotenen Turboversionen (180 oder 200 PS) ließen den RX 7 eine Spitzengeschwindigkeit von 240 km/h erreichen.

Hubraum/Zylinder: Kammervolumen 2292 ccm
PS/kW: 150/110
Bauzeit: 1985–1991
Stückzahl: –

Mitsubishi 3000 GT

Dank eines temperamentvollen Doppelturbo-Triebwerks erreichte der Mitsubishi 3000 GT eine Höchstgeschwindigkeit von 250 km/h, womit er, als er auf den Markt kam, das schnellste und stärkste Serienfahrzeug darstellte, das je bei den Japanern vom Band gelaufen war. Die ab 1995 gefertigte Ausführung ist übrigens an den modernen Ellipsoid-Scheinwerfern zu erkennen.

Hubraum/Zylinder: 3000 ccm/6 Zyl.
PS/kW: 286/210
Bauzeit: 1995–2000
Stückzahl: –

Nissan Datsun 260 Z

Nach der gelungenen Markteinführung der Z-Baureihe lief im
Nissan-Werk Hiratsuka die Produktion bald in drei Schichten
rund um die Uhr. Kaufinteressierte
mussten kurzfristig sogar Liefer-
zeiten bis zu zwölf Monate in
Kauf nehmen. Im Wettbewerbssport hatte sich der „Z"
mittlerweile auch profilieren können – 1973 gewann er
die East African Safari Rallye in Kenia.

Hubraum/Zylinder: 2547 ccm/6 Zyl.
PS/kW: 126/93
Bauzeit: 1975–1979
Stückzahl: –

Nissan 300 ZX T

Im Sommer 1985 schob Nissan eine Turbo-Version des 300 ZX nach: Es war der erste Nissan Z, der die 250-km/h-Marke durchbrach. Bis 1989 fand dieses Modell in Deutschland 3700 Käufer, in den USA gingen allein im Jahr 1984 exakt 73 101 Einheiten an die Händler. Allerdings hatte dieses Baumuster zwischenzeitlich durch die Sportwagen von Toyota, Mazda und Mitsubishi Konkurrenz bekommen.

Hubraum/Zylinder: 2960 ccm/6 Zyl.
PS/kW: 240/176
Bauzeit: 1985–1989
Stückzahl: –

Nissan 300 ZX TT

Es war 1989, als ein Z-Modell die Bühne betrat, wie es die Autowelt vorher noch nicht gesehen hatte: Mit Twin-Turbo-Power und Vierrad-Lenkung erschien der 300 ZX, ein Hochtechnologieträger, der in neue Regionen vorstieß. Ein von zwei Turboladern beatmeter V6-Motor verhalf dem bei 250 km/h abgeregelten Boliden zu enormem Vorschub.

Hubraum/Zylinder: 2960 ccm/6 Zyl.
PS/kW: 283/208
Bauzeit: 1989–1996
Stückzahl: –

Nissan Skyline GT R 32

Mit dem frühen Skyline der 1960er Jahre haben die ab 1989 gebauten Versionen nichts mehr zu tun; die einst kompakte Limousine mit kleinem 1,5-Liter-Motor hat sich zu einem aggressiven Sportwagen gemausert. Dank des starken Turbomotors wurde das R-32-Coupé in seinem Heimatland auch im Wettbewerbssport eingesetzt, wo es einen Sieg nach dem anderen einfuhr.

Hubraum/Zylinder: 2595 ccm/6 Zyl.
PS/kW: 280/206
Bauzeit: 1989–1993
Stückzahl: –

Nissan Skyline GT R 34

Der Skyline GT R 34 gehörte, wie sein Vorgänger R 32, zu den Automobilen, die ausschließlich für den japanischen Markt bestimmt waren. Der knapp 460 Zentimeter lange Wagen mit Allradantrieb wurde mit einem

Hubraum/Zylinder: 2595 ccm/6 Zyl.
PS/kW: 280/206
Bauzeit: 1993–1998
Stückzahl: –

Sechszylinder-Motor bestückt: Die Leistungsabgabe von 280 PS erreichte exakt den Grenzwert, den die japanischen Behörden für einen Straßensportwagen noch akzeptieren.

Toyota MR 2

1983, zum 25-jährigen Jubiläum der Tokioter Motor Show, zeigte Toyota erstmals den Prototypen eines kleinen zweisitzigen Sport-wagens mit herausnehmbaren Dachhälften. Die Studie, die damals noch auf den Namen SV-3 hörte, wurde in erstaunlich kurzer Zeit zur Serienreife entwickelt. Bereits 1985 kam der knapp vier Meter lange Zweisitzer als MR 2 auf den Markt.

Hubraum/Zylinder: 1587 ccm/4 Zyl.
PS/kW: 124/91
Bauzeit: 1985–1990
Stückzahl: –

Toyota MR 2

Fast ein volles Jahrzehnt lang konnte sich die zweite MR-2-Generation am Markt behaupten. Obwohl der Wagen alles andere als ein Bestseller war, profitierte er gelegentlich von der Modell-pflege: So erhielten die für die USA bestimmten Wagen anstelle des Targa-Dachs ein festes Coupé-Dach. Die ab 1997 gefertigten MR 2 mussten mit einem extra großen Heckspoiler vorlieb nehmen.

Hubraum/Zylinder: 1998 ccm/4 Zyl.
PS/kW: 170/125
Bauzeit: 1996–1999
Stückzahl: –

2000–heute
Automarken und ihr Image

Artega GT

Am Anfang der Geschichte der neuen deutschen Sportwagen- marke Artega steht das Modell Artega GT. Der Einstiegspreis für den in Paderborn auf die Räder gestellten klassischen Gran Turismo liegt bei etwa 80000 Euro – dank einer Reihe von Sonderausstattungen lässt sich der 270 km/h schnelle GT weiter individualisieren. Der Hersteller sieht im Artega GT einen Wagen für Enthusi- asten, die das Besondere suchen und im Angebot der Groß- serienhersteller nicht fündig werden.

Hubraum/Zylinder:	3597 ccm/6 Zyl.
PS/kW:	300/220
Bauzeit:	ab 2009
Stückzahl:	–

Audi R8 4.2 FSI quattro

Der bereits im Frühjahr 2007 vorgestellte Audi R8 basiert auf einer
Karosserie, die in der sogenannten
Audi-Space-Frame-Bauweise gefertigt wird. Der Aufbau wiegt nur
210 Kilogramm und setzt sich aus
zahlreichen Strangpressprofilen

Hubraum/Zylinder: 4163 ccm/8 Zyl.
PS/kW: 420/309
Bauzeit: ab 2008
Stückzahl: –

und Aluminiumblechen zusammen. Dank des voll verkleideten Diffusor-Unterbodens und des automatisch ausfahrenden
Heckspoilers produziert die Karosserie einen Abtrieb, der die
Fahrstabilität bei hohem Tempo unterstützt. Neben der Variante mit acht Zylindern ist der R8 auch in einer Ausführung
mit zehn Zylindern zu haben.

Audi R8 Spyder 5.2 FSI quattro

Mit dem Spyder 5.2 FSI quattro präsentierte Audi auf der IAA 2009 die Cabrio-Variante seines Sportwagens R8. Dass der 313 km/h schnelle und etwa 156 400 Euro teure Zweisitzer gebaut wird, war eine längst beschlossene Sache.

Hubraum/Zylinder: 5204 ccm/10 Z.
PS/kW: 525/386
Bauzeit: ab 2010
Stückzahl: –

Der Fahrspaß ist garantiert, denn der Zweisitzer beschleunigt aus dem Stand in nur 4,1 Sekunden auf 100 km/h. Dank eines automatischen Verdecks steht der Wagen in 19 Sekunden für das offene Fahrvergnügen bereit – als Novum lässt sich das Dach sogar bei Fahrtgeschwindigkeiten bis zu 50 km/h öffnen und schließen!

BMW Z4 M Roadster

Der Z4 M Roadster ist mit einer drehzahlfühlenden variablen Differenzialsperre ausgerüstet – bei sportlicher Fahrweise hilft sie dem Routinier, die positiven Eigenschaften des Heckantriebs zu verstärken. Bei unwirtlichen Bedingungen, wie sie vor allem im Winter häufig vorkommen, macht dieses intelligente System den Z4 M Roadster zu einem besonders traktionsstarken Wagen.

Hubraum/Zylinder: 3246 ccm/6 Zyl.
PS/kW: 343/252
Bauzeit: 2006–2008
Stückzahl: –

BMW Z4 sDrive 35i

Im Rahmen der Modellpflege zeigt sich seit dem Frühjahr 2009 der BMW Z4 in einem völlig neuen Gesicht, denn der nun mit einem vollautomatisch und elektrisch versenkbaren Hardtop ausgestatte Zweisitzer lässt sich auf Knopf-druck vom geschlossenen Coupé in einen faszinierenden Roadster verwandeln. Neben dem etwa 48000 Euro teuren Topmodell sDrive 35i ist der Z4 auch in den Versionen sDrive 30i (258 PS/190 kW) und sDrive 23i (204 PS/150 kW) zu erwerben. Alle Modelle profitieren ausnahmslos von der Durchzugskraft agiler Sechszylinder-Motoren – darüber hinaus ist das 250 km/h schnelle Spitzenmodell sDrive 35i mit einem sportlichen Doppelkupplungsgetriebe zu haben.

Hubraum/Zylinder: 2979 ccm/6 Zyl.
PS/kW: 306/225
Bauzeit: ab 2009
Stückzahl: –

BMW Z8

Mit dem zweisitzigen Sportwagen
Z8 ist BMW durchaus eine moderne Interpretation des klassischen
Modells 507 gelungen. Wie das
Original der 1950er Jahre begeistert der Z8 ebenfalls mit einer
harmonisch proportionierten
Idealfigur: 440 Zentimeter Länge; 183 Zentimeter Breite und
131 Zentimeter Höhe. Vorläufer des Z8 war eine Studie, die
unter dem Namen Z07 bereits 1997 gezeigt wurde.

Hubraum/Zylinder: 4941 ccm/8 Zyl.
PS/kW: 400/294
Bauzeit: 2000–2003
Stückzahl: 5700

BMW M3

58000 DM kostete ein M3 im Jahr seiner Markteinführung 1986. Dennoch war es kein Problem, einen Wagen dieser Preisklasse an den Kunden zu bringen. Bis heute hat sich daran nichts geändert. Die Faszination, die der M3 ausstrahlt, ist nach wie vor ungebrochen. Zum Vergleich: Das ab dem Jahr 2000 gebaute M3-Coupé kostete in der Grundausstattung etwa 100000 DM.

Hubraum/Zylinder: 3246 ccm/6 Zyl.
PS/kW: 343/252
Bauzeit: 2000–2006
Stückzahl: –

BMW M3 GTS

Besitzer eines **BMW M3 GTS** verfügen nicht nur über einen hochkarätigen Straßensportwagen, sondern auch über ein Fahrzeug, das für den Wettbewerbssport geradezu prädestiniert ist. Der 305 km/h schnelle M3 GTS wird ausschließlich auf Kundenwunsch produziert. Zur Optimierung der Luftströmung und für eine bedarfsgerechte Änderung der Abtriebswerte ist der M3 GTS mit rennsportorientierten Frontschürzen- und Heckflügel-Elementen ausgestattet. Sie ermöglichen beim Einsatz im Motorsport eine dem Streckenprofil und anderen Rahmenbedingungen entsprechende Anpassung der Aerodynamik.

Hubraum/Zylinder: 4361 ccm/8 Zyl.
PS/kW: 420/309
Bauzeit: ab 2010
Stückzahl: –

BMW M6

Mit dem Typ M6 präsentierte die BMW M GmbH das 6er-Luxuscoupé in seiner sportlichsten Ausprägung. Dieser M6 ist der edelste und stärkste 6er, den es je gab: 5 Liter Hubraum, zehn Zylinder! Im Unterschied zu seinen in der Regel zweisitzigen Wettbewerbern bietet der M 6 den Komfort eines 2+2-Sitzers sowie die luxuriöse Ausstattung eines typischen BMW der Oberklasse.

Hubraum/Zylinder: 4999 ccm/10 Z.
PS/kW: 507/373
Bauzeit: 2004–2010
Stückzahl: 14150

Mercedes-Benz SL 500

Mit der fünften SL-Generation
(R 230) im Sommer 2001 erschien
wieder ein Automobil, dessen
technische Innovationen ähnlich
weit in die Zukunft zielen wie
seinerzeit die des 300 SL Flügel-
türers von 1954. Dank eines
elektronischen Fahrwerksystems bietet
dieser SL ein Höchstmaß an Fahrsicherheit.

Hubraum/Zylinder: 5461 ccm/8 Zyl.
PS/kW: 388/285
Bauzeit: 2001–2008
Stückzahl: –

Mercedes-Benz SLR McLaren

Mit dem SLR McLaren dokumen-
tierten die Stuttgarter Automobil-
bauer und ihr ehemaliger Formel-1-
Partner McLaren ihre langjährige
Erfahrung bei der Entwicklung
und Produktion von Hochleistungs-Sportwagen. Der Zweisitzer

Hubraum/Zylinder: 5439 ccm/8 Zyl.
PS/kW: 626/460
Bauzeit: 2003–2009
Stückzahl: 3500

mit den markanten Flügeltüren setzt den Mythos der legendären SLR-Rennsportwagen aus den 1950er Jahren fort.

Mercedes-Benz SL 65 AMG

Der SL 65 AMG, der ab etwa 206 100 Euro zu haben ist, feierte auf dem Genfer Salon 2006 seine Weltpremiere. Er wird von einem AMG-6-Liter-V12-Biturbomotor befeuert und beschleunigt dank 612 Pferdestärken in 4,2 Sekunden aus dem Stand auf Tempo 100. Die Höchstgeschwindigkeit ist elektronisch auf 250 km/h begrenzt.

Hubraum/Zylinder: 5980 ccm/12 Z.
PS/kW: 612/450
Bauzeit: ab 2006
Stückzahl: –

Mercedes-Benz SLS AMG

Der Mercedes-Benz 300 SL war in den 1950er Jahren das, was man einen Supersportwagen nennt. Anlässlich der Frankfurter IAA zeigte der Stuttgarter Autohersteller 2009 die moderne Interpretation des Klassikers, den neuen

Hubraum/Zylinder:	6208 ccm/8 Zyl.
PS/kW:	571/420
Bauzeit:	ab 2010
Stückzahl:	–

Mercedes-Benz SLS AMG. Der im Retrodesign gestylte Flügeltürer beschleunigt in nur 3,8 Sekunden von null auf 100 km/h – seine Höchstgeschwindigkeit wird elektronisch auf 317 km/h begrenzt. Der Kraftstoffverbrauch liegt laut Werksangabe bei etwa 13,2 Liter je 100 Kilometer. Zu haben ist das teure Fahrvergnügen für 177 310 Euro.

Opel Speedster Turbo

Für Speedster-Fans, die besonders sportlich fahren wollten, hielt Opel ab dem Jahr 2003 die Version „Speedster Turbo" bereit. Deren Fahrleistungen bewegen sich bei einem Maximum an Laufruhe trotzdem auf absolutem Sportwagen-Niveau: Die Turbo-Power katapultiert den kompakten und ultraflachen Zweisitzer in 4,9 Sekunden auf eine Geschwindigkeit von 100 km/h.

Hubraum/Zylinder: 2200 ccm/4 Zyl.
PS/kW: 200/147
Bauzeit: 2003–2005
Stückzahl: –

Porsche 911 Turbo Cabriolet

Nach 14 Jahren Abstinenz präsentierte Porsche 2003 endlich wieder einen offenen Turbo-Sportwagen mit üppigen Lufteinlässen an Bug und Flanken. Der Motor des Sportlers wird von zwei Ladern beatmet – damit ist der Sprint zur 100-km/h-Marke nach 4,3 Sekunden beendet. Die 160-km/h-Marke erreicht er innerhalb von 9,5 Sekunden, und erst bei 305 km/h endet sein Vorwärtsdrang.

Hubraum/Zylinder: 3600 ccm/6 Zyl.
PS/kW: 420/309
Bauzeit: 2003–2007
Stückzahl: –

Porsche 911 GT 2

Der 315 km/h schnelle Porsche GT 2 (Baureihe 996) rundete das Leistungsspektrum nach oben ab. Der Motor dieses für den Straßeneinsatz gebauten Modells basiert auf dem im Rennsport erprobten Aggregat des 911 GT 1. Dem ersten GT 2 im Jahre 2000 (420 PS) folgte drei Jahre später diese überarbeitete Variante mit noch mehr Biss.

Hubraum/Zylinder: 3600 ccm/6 Zyl.
PS/kW: 462/340
Bauzeit: 2003–2005
Stückzahl: –

Porsche 911 GT 3

Mehr Leistung bei gleichem Hubraum und gleichem Verbrauch –
so las sich die Entwicklungsformel
für den 911 GT 3 der zweiten
Generation. Der GT 3, der seit
Frühjahr 2003 die Modellpalette
der Marke ergänzte, ist das Kon-
zentrat aus einem halben Jahrhundert Porsche Motorsport.
Ein Sportwagen pur: mit allen klassischen Tugenden dieser
Fahrzeugart und unter Verzicht auf alles, was das reine Fahr-
erlebnis trüben könnte.

Hubraum/Zylinder: 3600 ccm/6 Zyl.
PS/kW: 381/280
Bauzeit: 2003–2005
Stückzahl: –

Porsche 911 GT 2 RS

Mit dem 911 GT 2 RS brachte
Porsche seinen bislang leistungs-
stärksten Sportwagen mit Straßen-
zulassung auf den Markt. Mit
einer Leistungssteigerung um
90 PS/66 kW und der Gewichts-
reduzierung um 70 Kilogramm
(jeweils im Vergleich zum 911 GT 2) kommt das neue Modell
auf ein Leistungsgewicht von nur 2,21 Kilogramm pro PS!
Die Premiere des 330 km/h schnellen Sportwagens fand
übrigens auf dem Autosalon in Moskau statt – der Einstiegspreis des auf 500 Einheiten limitierten Modells liegt bei etwa
240000 Euro.

Hubraum/Zylinder: 3600 ccm/6 Zyl.
PS/kW: 620/456
Bauzeit: 2010
Stückzahl: 500

Porsche Carrera GT

Schon die Optik des Carrera GT
spiegelt seine Leistungsfähigkeit
als kompromissloser Supersportler
wider. Doch anders als bei Renn-
sport-Prototypen berücksichtigt
das Design die stilistische Ver-
wandtschaft zu den Serienfahr-
zeugen und erinnert in bestimmten Details an die legendären
Porsche-Rennfahrzeuge. So greift das typische Porsche-
Gesicht die Form des 718 RS Spyder der 1960er Jahre auf.

Hubraum/Zyl.: 5733 ccm/V 10 Z.
PS/kW: 612/450
Bauzeit: 2003
Stückzahl: –

Porsche Panamera Turbo

Die viertürige Sportlimousine namens Panamera, die Porsche seit dem Sommer 2009 auf die Räder stellt, wird zunächst nur mit den im Geländewagen Cayenne verwendeten Achtzylinder-Motoren bestückt. Je nach Modell (Panamera S, 4S oder Turbo) variiert die Leistungsabgabe zwischen 400 PS/294kW und 500 PS/368 kW. Im Vergleich zum Panamera S sind die Modelle 4S und Turbo anstelle des Heckantriebs mit einem Allradantrieb ausgestattet. Es ist geplant, die Modellpalette später um eine V6-Version sowie um ein Modell mit Hybridantrieb zu ergänzen.

Hubraum/Zylinder: 4806 ccm/8 Zyl.
PS/kW: 500/368
Bauzeit: ab 2009
Stückzahl: –

Volkswagen Golf GTI

Die sechste Generation des Volks-
wagens Golf GTI ist zweifelsohne
bissiger als alle ihre Vorgänger.
Der letzten Modellreihe entsprechend wird auch der neue GTI
alternativ zum Schaltgetriebe mit
einem Sechs-Gang-Doppelkupp-

Hubraum/Zylinder: 1984 ccm/4 Zyl.
PS/kW: 210/155
Bauzeit: ab 2009
Stückzahl: –

lungsgetriebe (DSG) angeboten. Wie der handgeschaltete
GTI ist auch die DSG-Version nach 6,9 Sekunden 100 km/h
schnell. Beim neuen GTI kommt übrigens erstmals in einem
Volkswagen das elektronische Quer-Sperrdifferenzial XDS
zum Einsatz – es verbessert die Traktions- und Handling-
Eigenschaften.

Volkswagen Scirocco R

Parallel zum Start des 24-Stunden-Rennens am Nürburgring präsentierte Volkswagen im Frühjahr 2009 in einer Weltpremiere den neuen Scirocco R. Rund ein Jahr nach der Markteinführung der dritten Scirocco-Generation sorgte somit der stärkste, jemals in Serie gebaute Scirocco für Gesprächsstoff. Den Antrieb besorgt ein aufgeladener Vierzylinder TSI-Motor. An der Heckpartie des „R" dominieren größere Dachkantenspoiler sowie ein in schwarz lackierter Diffusor.

Hubraum/Zylinder: 1984 ccm/4 Zyl.
PS/kW: 265/195
Bauzeit: ab 2009
Stückzahl: –

Ascari KZ 1

Ein niederländischer Initiator und Sportwagenenthusiast lässt seit 2005 in Großbritannien einen besonders exklusiven Sportwagen, den Ascari KZ 1, auf die Räder stellen. Lediglich 50 Exemplare werden in Handarbeit gefertigt,

Hubraum/Zylinder: 4941 ccm/8 Zyl.
PS/kW: 500/368
Bauzeit: ab 2005
Stückzahl: max. 50

und wer eines davon sein Eigen nennen möchte, ist mit etwa 350000 Euro dabei. Karosserie und Chassis bestehen übrigens aus Carbon, als Triebwerk dient ein V8-Motor von BMW, die Spitze liegt bei ca. 320 km/h.

Aston Martin Zagato Vanquish Roadster

Wenn die britische Edelmarke Aston Martin gemeinsam mit dem italienischen Karosseriebauer Zagato etwas auf die Räder stellt, kann man sicher sein, dass das Ergebnis besonders exklusiv und teuer ist. Manchmal entstehen bei dieser Zusammenarbeit auch begehrenswerte Einzelstücke, wie dieser 280 km/h schnelle Roadster auf Vanquish-Basis.

Hubraum/Zylinder: 5935 ccm/12 Z.
PS/kW: 441/324
Bauzeit: 2004
Stückzahl: Einzelstück

Aston Martin DB AR 1

Die Ähnlichkeit des DB AR 1 Zagato zu seinem geschlossenen Gegenstück, dem Vantage Zagato, war nicht von der Hand zu weisen – dieser kernige Roadster gehörte zur DB-7-Familie. Ursprünglich begann seine Karriere als Concept-Car, das im Januar 2003 erstmals in Los Angeles gezeigt wurde. Aufgrund der positiven Resonanz entschloss sich Aston Martin, diesen 298 km/h schnellen Wagen in einer Kleinserie aufzulegen.

Hubraum/Zylinder: 5935 ccm/12 Z.
PS/kW: 440/324
Bauzeit: 2003–2004
Stückzahl: 99

Aston Martin DB 9 Coupé

Der Aston Martin DB 9 sieht nicht nur hypermodern aus – er entsteht auch in einer ebenso modernen und neuen Werksanlage im britischen Gaydon. Die wie aus einem Guss wirkende Karosserie lässt den flachen 2+2-Sitzer schon im Stand schnell aussehen, und das ist er auch: 300 km/h sind mit dem kräftigen Sechs-Liter-Triebwerk locker zu erreichen. Je nach Ausstattung kostet der Spaß etwa 155000 Euro.

Hubraum/Zylinder: 5935 ccm/12 Z.
PS/kW: 457/336
Bauzeit: ab 2004
Stückzahl: –

Bentley Continental GT

Die Prestigemarke Bentley, die seit 1998 unter der Regie von Volkswagen geführt wird, präsentierte mit dem Bentley Continental GT im Herbst 2002 ein Coupé der absoluten Oberklasse. Dieses erste unter VW-Ägide entstandene Automobil ist eine Mischung aus sportlicher Dynamik und Eleganz. Wie alle Continental-Modelle besitzt der GT ein Interieur, das als Meisterwerk der Handwerkskunst gelten kann.

Hubraum/Zylinder: 5998 ccm/12 Z.
PS/kW: 560/411
Bauzeit: ab 2003
Stückzahl: –

Bentley Continental Supersports Convertible

Der Bentley Continental Supersports
Convertible (Spitze 329 km/h)
darf sich rühmen, momentan der
schnellste offene Viersitzer der
Welt zu sein! Er basiert technisch
auf dem 2009 vorgestellten Continental Supersports Coupé. Der

Hubraum/Zylinder:	5998 ccm/12 Z.
PS/kW:	630/463
Bauzeit:	ab 2010
Stückzahl:	–

Convertible ist in acht Farben einschließlich der neuen
Option „Dark Grey Metallic" erhältlich – im Interieur domi-
niert eine Kombination von Carbonfaser und Alcantara.

Bristol Fighter

Im Jahre 2002 war der Bristol
Fighter noch eine Designstudie.
Unter seiner leichten Aluminiumkarosserie mit nach oben schwingenden Flügeltüren fand man die
Technik der Dodge Viper – zwei
Jahre später, als der 340 km/h
schnelle Fighter in Serie ging, hatte sich an der Kombination
von britischem Understatement und amerikanischer Moto-
rentechnik nichts geändert.

Hubraum/Zylinder: 7996 ccm/10 Z.
PS/kW: 558/410
Bauzeit: 2004–2011
Stückzahl: –

Caterham Seven CSR

Die im britischen Dartford bei London angesiedelte Caterham Cars Ltd. baut lange schon den früheren Lotus Seven weiter. Seit 1990 wurde der offizielle Seven-Nachfolger mehrfach optimiert und technisch verfeinert. Neben den

Hubraum/Zylinder:	2261 ccm/4 Zyl.
PS/kW:	264/194
Bauzeit:	ab 2004
Stückzahl:	–

106 PS und 122 PS starken Modellen ergänzte man 2004 die Baureihe um die noch stärkeren CSR-Modelle (203 PS und 264 PS) – sie laufen bis zu 250 km/h.

Farboud GTS

Arash Farboud gründete 2004 in
der britischen Graftschaft Wilt-
shire eine kleine, aber feine Auto-
mobilmanufaktur, in der ein nach
ihm benannter Sportwagen auf
die Räder gestellt wurde. Um die
Kosten im Rahmen halten zu

Hubraum/Zylinder: 2968 ccm/6 Zyl.
PS/kW: 275/202
Bauzeit: 2005–2010
Stückzahl: –

können, bestückte man den Farboud GTS standardmäßig mit
einem 275 PS starken Ford-V6-Motor. Alternativ gab es noch
den „Supercharged" mit 375 Pferdestärken.

Invicta S1-600

Schon in der Grundversion (S1-320)
ist der britische Invicta mit
273 km/h ein recht flottes Fahrzeug. Die nächststärkere Variante
(S1-420) wird mit 427 PS befeuert. An der Spitze der Modellpalette steht momentan der
S1-600. Auch er profitiert von dem bulligen Ford-Motor,
dem hier aber mithilfe eines Kompressors noch mehr
Power eingehaucht wird: Seine Kraft reicht für 329 km/h.

Hubraum/Zylinder: 4601 ccm/8 Zyl.
PS/kW: 612/450
Bauzeit: ab 2005
Stückzahl: –

Jaguar XKR Silverstone

Zur Freude sportlich ambitionierter
Fahrer präsentierte Jaguar auf
dem Genfer Salon 1998 den XK
erstmals als Kompressorvariante.
Dieses XKR genannte Modell ließ
sich äußerlich an zwei geschlitz-
ten Einsätzen auf der Motorhaube

Hubraum/Zylinder: 3996 ccm/8 Zyl.
PS/kW: 363/267
Bauzeit: 2000
Stückzahl: 200

erkennen. Im Jahre 2000 erschien mit dem XKR Silverstone
eine auf 200 Fahrzeuge limitierte Sonderserie, deren Lackierung ausschließlich in der Farbe „Platinum" erfolgte.

Jaguar XKR 100

Im September 2001 wäre Jaguar-Gründer Sir William Lyons 100 Jahre alt geworden. Anlässlich dieses bedeutenden Geburtstags brachte das Werk mit dem XKR 100 ein mit einem Kompressormotor bestücktes Sondermodell auf den Markt. Das 250 km/h schnelle Coupé war in Deutschland damals für 195000 DM zu haben, die Cabriolet-Version kostete 205000 DM.

Hubraum/Zylinder: 3996 ccm/8 Zyl.
PS/kW: 363/267
Bauzeit: 2001
Stückzahl: 500

Jaguar XKR Coupé

Mit dem im Sommer 2006 präsen-
tierten XKR ergänzte Jaguar die
erfolgreiche XK-Baureihe um ein
weiteres Modell. Es war als Coupé
(ab 94990 Euro) und außerdem
als Cabriolet (ab 102990 Euro) zu
haben und mit einem Kompressor-

Hubraum/Zylinder: 4196 ccm/8 Zyl.
PS/kW: 416/306
Bauzeit: 2007–2009
Stückzahl: –

Motor ausgestattet. Die Sechs-Stufen-Automatik wird über
moderne Schaltwippen betätigt und sorgt dafür, dass der XKR
den Sprint von null auf 100 km/h in 5,2 Sekunden schafft.

Lotus Elise Sport Racer

Limitierte Sonderserien übten schon
immer ihren speziellen Reiz auf
Automobilsammler aus. Die
Besonderheiten des Sport Racer
sind vor allem seine auffällige
Lackierung in Arden-Rot mit
weißen Streifen sowie schwarze
Ledersitzbezüge. Ein neu abgestimmtes Fahrwerk, eine
neue Pedalerie und extra leichte Alufelgen runden die
Ausstattung ab.

Hubraum/Zylinder: 1796 ccm/4 Zyl.
PS/kW: 192/141
Bauzeit: 2005
Stückzahl: 199

Lotus Exige

Der Exige ist – am einfachsten interpretiert – die Coupé-Version des erfolgreichen Lotus Elise. Er basiert ebenfalls auf einem Leichtmetall-Chassis, und der Motor liegt quer vor der Hinterachse. In der Grundversion erhält das 380 Zentimeter kompakte Spaßmobil 192 PS Leistung, die etwas bissigere Kompressor-Variante hat 220 Pferdestärken aufzuweisen.

Hubraum/Zylinder: 1796 ccm/4 Zyl.
PS/kW: 192/141
Bauzeit: ab 2005
Stückzahl: –

![MG SV-R]

MG SV-R

Um einen potenten Imageträger auf dem Markt platzieren zu können, entwickelte MG Rover ein knapp 130000 Euro teures Sportcoupé, den SV-R. Seine Karosserie besteht aus Karbon und wird aus etwa 5000 Einzelteilen „zusammengebacken". Unter der Haube arbeitet ein Ford-Visteon-Aggregat aus Leichtmetall – es bringt den SV-R auf eine Spitze von 283 km/h.

Hubraum/Zylinder: 4995 ccm/8 Zyl.
PS/kW: 385/283
Bauzeit: 2004–2005
Stückzahl: –

Mini Cooper S John Cooper

Unter BMWs Regie hat Mini mittlerweile eine beachtenswerte Modellpalette auf den Markt gebracht. Im Frühjahr 2006 lancierte man eine besonders sammlungswürdige Variante, den Mini Cooper S mit John Cooper Works GP Kit. Dieser limitiert gefertigte Flitzer (von null auf 100 km/h in 6,5 Sekunden) wird ausschließlich in der Farbkombination „Thunder Blue Metallic" und „Pure Silver Metallic" (Dach) angeboten.

Hubraum/Zylinder: 1598 ccm/4 Zyl.
PS/kW: 218/160
Bauzeit: 2006
Stückzahl: 2000

Morgan Aero 8

Im Rahmen der Modellpflege erhielten alle ab 2004 gefertigten Aero 8 einige kosmetische Veränderungen: Käufer dieser Ausführung profitierten von einem leicht verbreiterten Innenraum sowie mehr Kofferraumvolumen. Um amerikanischen Zulassungsbedingungen entsprechen zu können, bedurfte es außerdem einiger motortechnischer Eingriffe.

Hubraum/Zylinder: 4398 ccm/8 Zyl.
PS/kW: 330/243
Bauzeit: 2004–2006
Stückzahl: ca. 120

Morgan V6

Bis zum Produktionsende im Jahr 2004 konnte Morgan seinen Klassiker, den „+8", etwa 6000-mal absetzen. Der Nachfolger, der seit dem Sommer 2004 nun die Werkshallen in Malvern Link verlässt, trägt den Namen Morgan V6 und wird weiterhin mit der Karosserie des „+8" bestückt. Allerdings arbeitet unter der langen Motorhaube anstelle des Achtzylinders nun ein Sechszylinder von Ford.

Hubraum/Zylinder: 2967 ccm/6 Zyl.
PS/kW: 226/166
Bauzeit: ab 2004
Stückzahl: –

Noble M 12 GTC

Lee Noble, seines Zeichens Wett-
bewerbsfahrer, Rennsportexperte
und Tüftler, machte sich 1985
selbstständig. Er befasste sich
zunächst mit der Optimierung
diverser Sportwagen. Im Hintergrund stand bereits die Idee eines

Hubraum/Zylinder:	2968 ccm/6 Zyl.
PS/kW:	290/216
Bauzeit:	2000–2006
Stückzahl:	–

eigenen Automobils – dieser Traum wurde 1999 mit dem
M 10 Realität. Ein Jahr später bereicherte dann der erste in
Kleinserie hergestellte Nobel (M 12) den Sportwagenmarkt.

TVR Tuscan

TVRs Sportmodell, der 255 km/h schnelle Tuscan, wurde der Öffentlichkeit bereits 1996 im Prototypenstadium gezeigt – seine Serienproduktion lief vier Jahre später an. Die leichte Kunststoff-karosserie ruht auf einem soliden Stahlrohrrahmen mit 236 Zentimetern Radstand. Der Tuscan wurde in mehreren Leistungsstufen mit 3,6-Liter- und 4,0-Liter-Motor angeboten.

Hubraum/Zylinder: 3605 ccm/6 Zyl.
PS/kW: 355/261
Bauzeit: 2000–2006
Stückzahl: –

TVR Sagaris

Während einige TVR–Fans zunächst über das Auftreten des neuen Sagaris (Spitze über 295 km/h) schockiert waren, fanden andere sein aggressives Styling auf An- hieb faszinierend: Immerhin wird die Motorhaube dieses Supersport-

Hubraum/Zylinder: 3996 ccm/6 Zyl.
PS/kW: 385/283
Bauzeit: 2005–2007
Stückzahl: –

lers von 17 Lufteinlässen regelrecht „zerschnitten". Grund dafür ist der brutale Sechszylinder-Motor. Er entwickelt nicht nur viel Kraft, sondern auch viel Wärme.

Bugatti EB 16.4 Veyron

Laut Herstellerangaben ist der Veyron 16.4 der innovativste Hochleistungssportwagen der Welt. Das über 400 km/h schnelle Sportcoupé wird von einem 16-Zylinder-Mittelmotor mit vier Turboladern angetrieben. Das Aggregat leistet 1001 PS – portioniert wird die gewaltige Kraft von der „schnellsten Schalteinheit der Welt", einem speziellen Direktschaltgetriebe mit sieben Vorwärtsgängen.

Hubraum/Zylinder: 7993 ccm/16 Z.
PS/kW: 1001/736
Bauzeit: ab 2005
Stückzahl: –

Alfa Romeo Spider

Zum Sommer 2006 setzte Alfa Romeo mit einem neu konstruierten Cabriolet die Tradition der offenen Sportwagen fort. Der Spider rollte in einer 2,2-Liter-Version (185 PS) sowie einer 3,2-Liter-Variante vom Band. Letztere verfügt über eine Leistungsabgabe von 260 PS und ist mit einem permanenten Allradantrieb ausgestattet. Je nach Modell lag der Anschaffungspreis zwischen 33 400 Euro und 41 000 Euro.

Hubraum/Zylinder: 2198 ccm/4 Zyl.
PS/kW: 185/136
Bauzeit: 2006–2010
Stückzahl: –

Alfa Romeo 8C Competizione Coupé

Auf der Internationalen Automobil-Ausstellung in Frankfurt am Main enthüllte Alfa Romeo 2003 eine Studie, die auf den bedeutungsvollen historischen Namen Alfa Romeo 8C Competizione getauft wurde. Dass das vom Centro Stile Alfa Romeo entworfene Einzelstück schon bald zu einer echten Ikone der Marke werden könnte, hatte man beim Messeauftritt nicht zu träumen gewagt: 2006 zeigte Alfa Romeo nämlich die endgültige Version des 8C Competizione und gab gleichzeitig die Produktion der auf 500 Einheiten limitierten Kleinserie bekannt!

Hubraum/Zylinder: 4691 ccm/8 Zyl.
PS/kW: 450/331
Bauzeit: 2008–2009
Stückzahl: 500

Alfa Romeo 8C Spider

Als Ergänzung zum 8C Competizione
Coupé überraschte Alfa Romeo
im Jahre 2008 die Besucher des
Genfer Automobilsalons mit
einem hochkarätigen offenen
Gegenstück, dem 8C Spider.
Der 290 km/h schnelle Wagen
ist zwischenzeitlich Realität geworden und er wurde
– wie das Coupé – in einer auf 500 Einheiten limitierten
Kleinserie gefertigt.

Hubraum/Zylinder: 4691 ccm/8 Zyl.
PS/kW: 450/331
Bauzeit: 2009
Stückzahl: 500

Antas V8

Die italienische Firma Faralli &
Mazzanti, die sich seit Jahren mit
der Restauration edler Oldtimer
und der Veredlung exklusiver All-
tagsautomobile befasst, stellt mit
dem Antas V8 ein selbst konstruiertes und in Handarbeit gebautes
Automobil auf die Räder. Unter dem modern interpretierten
Design eines Klassikers arbeitet übrigens ein Maserati-
Motor – die Kraftquelle reicht aus für 270 km/h.

Hubraum/Zylinder: 4719 ccm/8 Zyl.
PS/kW: 310/228
Bauzeit: ab 2004
Stückzahl: –

Ferrari Enzo Ferrari

Das Modell „Enzo Ferrari" (hausintern „FX") wurde nur an ausgewählte Kunden abgegeben, die bereits einen Ferrari ihr Eigen nennen konnten. Der Abgabepreis des 355 km/h schnellen Sportgeräts lag bei etwa 612000 Euro.

Hubraum/Zylinder: 5998 ccm/12 Z.
PS/kW: 660/485
Bauzeit: 2002–2004
Stückzahl: 399

Ursprünglich war der Enzo als limitierte Serie von 349 Stück angekündigt worden – aufgrund der großen Nachfrage stellte das Werk aber weitere 50 Einheiten auf die Räder.

Ferrari FXX

Der auf dem Modell „Enzo Ferrari"
basierende Typ FXX war nicht für
den öffentlichen Straßenverkehr
zugelassen! Die glücklichen,
vom Werk ausgewählten Besitzer
konnten trotzdem das Gaspedal
durchtreten, denn im Anschaf-
fungspreis (ca. 1,5 Millionen Euro) des 350 km/h
schnellen Boliden war ein Fahrertraining auf internationalen Rennstrecken enthalten.

Hubraum/Zylinder: 6262 ccm/12 Z.
PS/kW: 800/588
Bauzeit: 2005–2006
Stückzahl: 30

Ferrari F 430 Coupé

Mit dem **F 430** brachte Ferrari eine neue Fahrzeuggeneration auf den Markt: Das Design und die Technik des neuen Achtzylinders wurden maßgeblich von den Erfahrungen der hauseigenen Formel-1-Abteilung „Scuderia Ferrari" beeinflusst. So griff man unter anderem auf Technik-lösungen zurück, die für den sportlichen Straßengebrauch neu interpretiert und entsprechend adaptiert wurden.

Hubraum/Zylinder: 4308 ccm/8 Zyl.
PS/kW: 490/360
Bauzeit: 2004–2009
Stückzahl: –

Ferrari 458 Italia

Wenn es stimmt, dass jeder Ferrari definitionsgemäß innovativ ist, dann stimmt es auch, dass einige Wagen in der Geschichte des springenden Pferdchens einen wahren Bruch mit den vorangegangenen Modellen darstellen.

Hubraum/Zylinder: 4499 ccm/8 Zyl.
PS/kW: 570/418
Bauzeit: ab 2010
Stückzahl: –

Dies ist beim neuen Ferrari 458 Italia der Fall: Erstmals hat Ferrari den Namen des Heimatlandes dem traditionellen Zahlenkürzel hinzugefügt, denn der Wagen ist laut Werksangabe eine Synthese aus Stil und Leidenschaft, für die Italien bekannt ist.

Lamborghini Murciélago

Getreu der Tradition des Hauses hat Lamborghini auch das Modell Murciélago nach dem Namen eines Kampfstiers getauft. Der 330 km/ schnelle Murciélago ist ein zweisitziges Coupé, dessen Türen zum Öffnen nach oben schwingen. Er verfügt über einen zentral angeordneten V12-Motor mit Lamborghini-typischem Antriebsstrang: Das Getriebe befindet sich vor dem Motor, dahinter liegen das Differenzial sowie der permanente Allradantrieb.

Hubraum/Zylinder: 6192 ccm/12 Z.
PS/kW: 580/426
Bauzeit: 2001–2010
Stückzahl: ca. 4100

Lamborghini Gallardo

Der 2003 präsentierte Gallardo durfte sich rühmen, im Jahr seiner Vorstellung das schönste Automobil der Welt gewesen zu sein. So hat es eine internationale Jury entschieden. „Die erhaltene Auszeichnung", so kommentiert der Präsident von Lamborghini, „ist nicht nur für den Gallardo von großer Bedeutung, sondern ebenso für alle Mitarbeiter von Automobili Lamborghini."

Hubraum/Zylinder: 4961 ccm/10 Z.
PS/kW: 520/382
Bauzeit: ab 2003
Stückzahl: –

Lamborghini Aventador

Im März 2011 präsentierte Lamborghini auf dem Genfer Automobilsalon den Aventador als Nachfolger des Murciélago. Noch
bevor die Auslieferung anlief,
betrug die Wartezeit schon ein
Jahr. Der 350 km/h schnelle
Aventador ist durch eine selbsttragende Karosserie aus
kohlenstofffaserverstärktem Kunststoff 90 Kilogramm
leichter als sein Vorgänger und beschleunigt in nur
2,9 Sekunden von null auf 100 km/h.

Hubraum/Zylinder: 6498 ccm/12 Z.
PS/kW: 700/515
Bauzeit: ab 2011
Stückzahl: –

Maserati Quattroporte

Unter der Modellbezeichnung Quattroporte baute Maserati bereits in der Vergangenheit diverse Flaggschiffe, die stets durch ihre aggressive Linienführung sowie repräsentative Abmessungen auffielen. Laut Pressemitteilung vereint der Quattroporte typisch italienische Wertbegriffe wie ausgeprägten Schönheitssinn, freudigen Lebensgenuss, zurückhaltende Eleganz, exzellente Mechanik und attraktive Exklusivität.

Hubraum/Zylinder: 4244 ccm/8 Zyl.
PS/kW: 400/294
Bauzeit: ab 2003
Stückzahl: –

Maserati GranCabrio

Mit dem neuen GranCabrio kom-
plettierte Maserati zum Frühjahr
2010 sein Modellprogramm, das
dann auf den drei Baureihen
Quattroporte, GranTurismo und
GranCabrio basierte. Das etwa
150000 Euro teure, von Pininfa-

Hubraum/Zylinder:	4691 ccm/8 Zyl.
PS/kW:	440/323
Bauzeit:	ab 2010
Stückzahl:	–

rina kreierte GranCabrio ist der erste offene Maserati in der
Firmengeschichte, der vier Personen bequem Platz bietet.
Als Antriebsquelle favorisierte man einen durchzugskräftigen
V8-Motor, der den Wagen nach etwa 5,4 Sekunden an die
100 km/h-Marke und insgesamt auf eine Höchstgeschwindig-
keit von 283 km/h bringt.

Pagani Zonda C 12

Die in Italien beheimatete Sportwagenmarke Pagani wurde 1992 von
dem Argentinier Horacio Pagani
gegründet. Zuvor war Pagani für
Lamborghini und Ferrari tätig
gewesen – sein Spezialgebiet ist
die Carbonverarbeitung. Die dabei

Hubraum/Zylinder:	5987 ccm/12 Z.
PS/kW:	394/290
Bauzeit:	1999–2002
Stückzahl:	5

gewonnenen Erkenntnisse flossen nun in einen Supersportwagen ein, der seinen Namen als Modellbezeichnung tragen
sollte: Der Prototyp Pagani Zonda C 12 debütierte 1999.

Pagani Zonda F

Dieses Gefährt der Marke Pagani trägt die Modellbezeichnung Zonda F. Damit ist der italienische Hersteller seinem Grundsatz treu geblieben, das Superauto nach dem gleichnamigen, aus den süd-amerikanischen Anden wehenden Wind zu benennen. Mit dem Kürzel „F" erinnert man (es war zunächst nicht geplant) an den verstorbenen Rennfahrer Fangio.

Hubraum/Zylinder: 7291 ccm/12 Z.
PS/kW: 602/443
Bauzeit: 2005–2010
Stückzahl: –

Spyker C8 Spyder

 Im Jahre 2000 reaktivierte der Geschäftsmann Victor R. Muller wieder die holländische Luxusmarke Spyker. Auf der Motor Show in Birmingham präsentierte er mit dem C8 einen Luxussportwagen, der die Tradition von Spyker fortführen soll. Die Rechnung ging auf: Ende 2005 – als die Spyker-Produktion anlief – lagen bereits 191 Bestellungen vor.

Hubraum/Zylinder: 4172 ccm/8 Zyl.
PS/kW: 400/294
Bauzeit: 2005–2008
Stückzahl: –

Spyker C12 La Turbie

Dank einer modernen Chassis-Konstruktion (Aluminium-Space-Frame) bringt der Spyker im Schnitt nur 1295 Kilogramm auf die Waage. In Verbindung mit der aerodynamischen Karosserie ergeben sich hervorragende Beschleunigungswerte: Je nach Motorleistung wird die 100-km/h-Marke nach knapp 4 Sekunden erreicht – die Höchstgeschwindigkeit beträgt etwa 320 km/h.

Hubraum/Zylinder: 5998 ccm/8 Zyl.
PS/kW: 500/373
Bauzeit: 2006
Stückzahl: 25

Koenigsegg CC 8 S

Ausgerechnet in Schweden, einem Land mit schneereichen Wintern, entsteht der Koenigsegg – ein Supersportwagen für Enthusiasten, die gern etwas anderes als einen Ferrari oder Lamborghini hätten. Christian von Koenigsegg gründete seine Sportwagenschmiede 1993 im südschwedischen Ängelholm und präsentierte vier Jahre später bereits den ersten Prototypen des ab 2002 in Serie gebauten Modells „CC".

Hubraum/Zylinder: 4600 ccm/V8-Z.
PS/kW: 655/482
Bauzeit: 2002–2005
Stückzahl: –

Koenigsegg CCR

Mit dem Koenigsegg CCR, den die
schwedische Sportwagenmanu-
faktur 2004 auf dem Genfer Automobilsalon zeigte, debütierte ein
Straßensportwagen, dessen Tachonadel erst kurz vor der 400-km/h-
Markierung zum Stehen kommt.

Hubraum/Zylinder: 4700 ccm/V8-Z.
PS/kW: 816/600
Bauzeit: 2004–2006
Stückzahl: –

Eine kräftige Leistungsspritze und zahlreiche technische
Modifikationen an dem Ford-Motor (unter anderem setzt
ein Kompressor die Zylinder mit 1,2 bar unter Druck) sind
das Geheimnis des CCR.

Koenigsegg CCX

Die Lieferzeit für einen Sportwagen aus dem Hause Koenigsegg beträgt etwa acht bis zwölf Wochen. Je nach Ausstattung und gewünschten Extras beginnt das Fahrvergnügen bei 458000 Euro (zzgl. Steuern). Schon bei Vertragsabschluss wünscht die schwedische Nobelmarke eine Anzahlung in Höhe von 25 Prozent und weist freundlichst darauf hin, dass der Restbetrag zwei Wochen vor Auslieferung zur Zahlung fällig wird.

Hubraum/Zylinder: 4700 ccm/V8-Z.
PS/kW: 806/593
Bauzeit: ab 2006
Stückzahl: –

Rinspeed zaZen

Rinspeed und die Bayer Material
Science entwickelten gemeinsam
das Concept-Car „zaZen", eine
„Lichtgestalt" auf vier Rädern. Es
zeigt eine technische Revolution
im Automobilbau, denn die trans-
parente Heckscheibe wird zur
holografischen Leuchtfläche. Wie aus dem Nichts erstrahlt
aus dem scheinbar schwebenden, transparenten „Hardtop"
das dritte Bremslicht!

Hubraum/Zylinder: 3824 ccm/6 Zyl.
PS/kW: 355/261
Bauzeit: 2006
Stückzahl: Einzelstück

Cadillac Cien

Mit dem aerodynamischen Cien –
spanisch für „100" – feierte
Cadillac im Jahre 2002 den
100. Geburtstag der Marke. Das
geschmeidige Aussehen des Cien,
angeregt durch das neueste F-22-
Stealth-Kampfflugzeug, hat einen
neuen Look für Cadillac geschaffen. Der Cien ist mit einem
halbautomatischen Getriebe ausgestattet, das mit an der
Lenksäule montierten elektronischen Wippen bedient wird.

Hubraum/Zylinder: 7500 ccm/12 Z.
PS/kW: 750/551
Bauzeit: 2002
Stückzahl: Einzelstück

Cadillac Sixteen

Im Jahre 2002 – anlässlich des 100. Geburtstages – zeigte Cadillac eine Reihe außergewöhnlicher Showcars, unter anderem diesen luxuriösen 16-Zylinder. Mit einem Radstand von 3556 Millimetern und einer Länge von 5673 Millimetern bietet der Cadillac 16 einen beeindruckenden Anblick; seine Konturen werden von der langen Motorhaube und den 24-Zoll-Rädern mit Reifen der Dimension P 265/40 R25 beherrscht.

Hubraum/Zyl.:	13 600 ccm/16 Zyl.
PS/kW:	1000/735
Bauzeit:	2002
Stückzahl:	Einzelstück

Chevrolet Corvette C 6 Cabriolet

Mit einem c_w-Wert von 0,28 ist die offene Corvette das aerodynamischste Modell aller Zeiten. Dank der technologischen Möglichkeiten konnten die Linien und Oberflächen glatt gehalten werden. Das schlüssellose Zugangssystem ersetzt beispielsweise die traditionellen mechanischen Griffe an den Türen und der Heckklappe durch Magnetventile und elektronische Stellantriebe.

Hubraum/Zylinder:	5967 ccm/8 Zyl.
PS/kW:	405/298
Bauzeit:	ab 2004
Stückzahl:	–

Chevrolet Corvette Z 06 Coupé

Das Corvette-Coupé verfügt über ein abnehmbares Dach, das im Kofferraum verstaut werden kann. Das Dachblech ist zwar um 15 Prozent größer als bei den Vorgängermodellen, wiegt jedoch gerade mal 0,45 Kilogramm mehr. Es ist serienmäßig in Wagenfarbe oder als Option mit einem durchsichtig getönten Dachteil erhältlich.

Hubraum/Zylinder: 7011 ccm/8 Zyl.
PS/kW: 512/377
Bauzeit: ab 2005
Stückzahl: –

Chevrolet Corvette Z 06 Cabriolet

Da die Corvette von Anfang an als ein offenes Auto konzipiert worden ist, wurden im Vergleich zum Coupé keinerlei Kompromisse in Bezug auf den Fahrkomfort, das Handling oder die Leistung gemacht. Das Corvette-Cabrio der sechsten Generation hat ein elektronisches Stoffverdeck, das sich in nur 18 Sekunden öffnen bzw. schließen lässt.

Hubraum/Zylinder: 7011 ccm/8 Zyl.
PS/kW: 512/377
Bauzeit: ab 2005
Stückzahl: –

Chrysler ME Four-Twelve

Der ME Four-Twelve ist sicherlich das Eindrucksvollste, was Chrysler je auf die Räder gestellt hat. Dank eines bulligen V12-Motors liegt die Beschleunigung von null auf 100 km/h bei knapp 3 Sekunden, und wer das Gaspedal bis zum Anschlag durchtritt, wird sehen, dass die Tachonadel erst bei der 400-km/h-Marke zum Stehen kommt.

Hubraum/Zylinder: 5998 ccm/12 Z.
PS/kW: 850/625
Bauzeit: 2003
Stückzahl: Einzelstück

Chrysler Firepower

Auf Basis der Dodge Viper kreierte
Chrysler mit dem Firepower ein
eindrucksvolles Concept-Car, in
dem die Fachpresse bereits den
Nachfolger für das Modell Cross-
fire sah. Dank üppiger Bereifung
(hinten 335/30 R 20) sieht die
Studie schon im Stand kraftstrotzend aus – und das ist
sie auch: von null auf 100 km/h in 4,5 Sekunden und einer
Spitze von 282 km/h.

Hubraum/Zylinder: 6059 ccm/8 Zyl.
PS/kW: 422/310
Bauzeit: 2005
Stückzahl: Einzelstück

Dodge Viper SRT 10 Cabriolet

Als 2002 die ersten Viper-Cabrio-
lets der dritten Generation – nun-
mehr unter der Regie des Daimler-
Chrysler-Konzerns – gefertigt
wurden, war die Faszination dieses ultimativen amerikanischen
Sportwagens nach wie vor ungebrochen. Neben den Farbtönen Rot und Schwarz
wurde die Farbpalette später um Gelb und einige
andere Nuancen bereichert.

Hubraum/Zylinder: 8277 ccm/10 Z.
PS/kW: 517/380
Bauzeit: 2002–2010
Stückzahl: –

Dodge Viper SRT 10 Coupé

Zur Freude der Viper-Fans erschien
zum Genfer Salon des Jahres
2005 endlich das lang erwartete
SRT 10 Coupé. Waren schon alle
Vorgängermodelle für absolute
Höchstleistungen bekannt, so
lohnte es sich, die technischen
Daten erneut zu studieren: Der Sprint zur 100-km/h-Marke
ist in knapp 4 Sekunden erledigt, die Höchstgeschwindigkeit
beträgt 306 km/h!

Hubraum/Zylinder: 8277 ccm/10 Z.
PS/kW: 517/380
Bauzeit: 2005–2010
Stückzahl: –

Fisker Karma

Mit dem „Karma" präsentierte Fisker 2009 ein „Plug-in-Hybridelektrofahrzeug", dessen CO_2-Ausstoß lediglich 83 Gramm je Kilometer beträgt. Den Sprint von null auf 100 km/h absolviert der Karma in 6 Sekunden – seine Spitze liegt bei 201 km/h. Beim Serienstart 2010 war das Modell das erste Serien-Plug-in-Hybridelektrofahrzeug überhaupt! Sein Antriebsaggregat soll bei voller Ladung der Lithiumionenbatterie über eine Reichweite von 80 Kilometer verfügen – durch den Einsatz des zusätzlichen benzinbetriebenen Motors kann die Reichweite auf über 480 Kilometer erweitert werden.

Leistung: 2 Elektromotoren mit je 150 kW
Bauzeit: ab 2010
Stückzahl: –

Ford Mustang GT

Während einige Automobilhersteller
die Zeit der fünfziger und sechzi-
ger Jahre in Form gelungener
Designstudien Revue passieren
lassen, hat Ford einen echten
Retro-Klassiker als Serienmodell
bereits im Angebot – den Mus-
tang. Nach klassischer Bauart besitzt dieses Modell keine
hintere Einzelradaufhängung, sondern eine Starrachse!

Hubraum/Zylinder: 4606 ccm/8 Zyl.
PS/kW: 304/224
Bauzeit: 2003–2010
Stückzahl: –

Ford Mustang Shelby GT 500

„Supercharged" – also per Kompressorkraft unterstützt, erreicht der von Carroll Shelby modifizierte Mustang beachtliche 270 km/h. Die vielen zusätzlichen Pferdestärken, von denen dieses mit einer hinteren Starrachse ausgestattete Modell profitiert, erledigen den Spurt von null auf 100 km/h deshalb in nur 4,7 Sekunden.

Hubraum/Zylinder: 5409 ccm/8 Zyl.
PS/kW: 482/355
Bauzeit: 2006–2010
Stückzahl: –

Ford GT

Das im Januar 2002 auf der Detroit Motor Show vorgestellte Ford GT 40 Concept-Car wurde ab 2003 als Serienmodell produziert. Der GT bereicherte pünktlich zum hundertjährigen Bestehen des Unternehmens den Sportwagen-markt und ergänzte die Serie der „Living Legends" von Ford, zu denen auch die Modelle Thunderbird und Mustang zählen.

Hubraum/Zylinder: 5409 ccm/8 Zyl.
PS/kW: 550/410
Bauzeit: 2003–2006
Stückzahl: 4000

Mosler MT 900

Der knapp 400 Zentimeter lange und nur 113 Zentimeter hohe Mosler-Sportwagen ist im sonnigen Florida zu Hause und macht sich auf europäischen Straßen mehr als rar. Trotzdem wäre es kein Problem, diesen Exoten hier zu pflegen und zu warten: Sein Getriebe tut auch Dienst im Porsche 911, und die Motortechnik dürfte jedem Chevrolet-Corvette-Mechaniker bekannt vorkommen.

Hubraum/Zylinder: 5665 ccm/8 Zyl.
PS/kW: 435/320
Bauzeit: ab 2005
Stückzahl: –

Panoz Esperante

Donald Panoz hat zuerst mit Niko-
tin-Pflastern Geld verdient und es
anschließend in den Automobilbau investiert. Seit 1999 stellt der
Sohn eines italienischen Einwan-
derers in den USA hochkarätige
Sportwagen auf die Räder. Einige

Hubraum/Zylinder:	4601 ccm/8 Zyl.
PS/kW:	309/227
Bauzeit:	1999–2009
Stückzahl:	–

seiner unkonventionellen Modelle werden im Wettbewerbssport (Le Mans) eingesetzt, andere – wie der Esperante –
bereichern als Straßensportwagen das Straßenbild.

Panoz Esperante GTLM Coupé

Große Unterschiede zwischen den Esperante-Modellen gibt es – von der Motorleistung abgesehen – eigentlich nicht: Diese Sportwagen werden mit einem V8-Motor von Ford bestückt und bringen ihre Kraft über ein manuelles Fünfganggetriebe an die Hinterachse. Der Esperante GTLM wird zusätzlich von einem Turbolader unterstützt und erreicht eine Spitze von 289 km/h (Esperante = 249 km/h).

Hubraum/Zylinder: 4601 ccm/8 Zyl.
PS/kW: 420/309
Bauzeit: 2001–2009
Stückzahl: –

Saleen S7

Die Saleen Inc. wurde 1983 von
dem Kalifornier Steve Saleen
gegründet und ist nicht nur in
den USA für aggressivstes Fahr-
zeugtuning (hauptsächlich an
Ford-Mustang-Modellen) bekannt.
Außerdem entstehen in der Sport-

Hubraum/Zylinder:	7000 ccm/V8-Z.
PS/kW:	549/404
Bauzeit:	2002–2008
Stückzahl:	–

wagenschmiede reinrassige Rennwagen wie der Typ SR7.
Von diesem Modell, das 2001 in Le Mans für Gesprächsstoff
sorgte, gab es zum stolzen Preis von etwa 400000 US-Dollar
auch eine „zahme" Straßenversion.

SSC Aero SC/T8

Entgegen der Meinung, Shelby Super Cars wäre mit Carroll Shelbys Firma „Shelby North America" verwandt, hat der amerikanische Kleinserienhersteller SSC mit dem Namensvetter absolut nichts zu tun. Der bei SSC gebaute Aero SC/T8 kostet 240000 US-Dollar – wer einen Heckspoiler wünscht, darf 4000 US-Dollar mehr zahlen. Dafür gibt es die Klimaanlage, Fensterheber etc. aber serienmäßig.

Hubraum/Zylinder:	6187 ccm/8 Zyl.
PS/kW:	782/575
Bauzeit:	ab 2006
Stückzahl:	–

Tesla Roadster

Vorgestellt wurde der Tesla Roadster
bereits im Sommer 2006. Im Vergleich zu vielen anderen Herstel-
lern hat die kalifornische Firma
Tesla Motors bereits bewiesen,
dass es möglich ist, ein alltags-
taugliches Elektrofahrzeug auf die Räder zu stellen – seit
2008 wird der vollständig elektrisch betriebene Wagen in
Kleinserie gefertigt! Ein Langeweiler ist der Zweisitzer
nicht: Er beschleunigt in 3,8 Sekunden (!) auf 100 km/h und
erreicht eine Spitze von 201 km/h! Produziert wird der Roadster übrigens beim Sportwagenhersteller Lotus in England.

Leistung: Elektromotor 225 kW
Bauzeit: ab 2008
Stückzahl: –

Honda NSX

Obwohl der **NSX** von 1990 bis 2005 im Programm blieb, stellte Honda von dem High-Tech-Car in 15 Jahren nur 18000 Einheiten auf die Räder. Der in Voll-Aluminium-Bauweise produzierte Wagen war etwas ganz Besonderes für Indivi-

Hubraum/Zylinder: 2977 ccm/6 Zyl.
PS/kW: 255/188
Bauzeit: 2002–2005
Stückzahl: –

dualisten. An seinem Kultstatus wird sich auch in Zukunft nichts ändern, denn Oldtimer-Sammler haben den bis zu 270 km/h schnellen NSX schon als Klassiker entdeckt.

Honda NSX-R

Speziell für Motorsport-Begeisterte gab es den NSX Type R. Das sogar wettbewerbstaugliche Modell rollte auf breiteren Reifen und verfügte über jede Menge Kraft. Dafür musste auf vorteilhafte Elemente wie eine Klimaanlage und einen Teil der Innenausstattung aus Gewichtsgründen verzichtet werden. Der nur als Rechtslenker gebaute NSX-R kostete 2002 etwa 100000 DM.

Hubraum/Zylinder: 3179 ccm/6 Zyl.
PS/kW: 280/206
Bauzeit: 2002–2004
Stückzahl: –

Honda CR-Z

Der als Hybrid-Coupé konzipierte Honda CR-Z wird von einem 1,5-Liter-Benzin-Motor angetrieben, der von einem 14 PS starken Elektromotor unterstützt wird. Beide Aggregate zusammen ergeben eine Systemleistung von

Hubraum/Zylinder: 1497 ccm/4 Zyl.
PS/kW: 124/91
Bauzeit: ab 2010
Stückzahl: –

124 PS/91 kW. Während in der Fahrstufe „Econ" die Kraftstoffeinsparung im Vordergrund steht, wird im „Sport-Modus" die Gasannahme direkter. Als Besonderheit unterstützt die Tachobeleuchtung den Fahrer beim sparsamen Fahren. Bei einer wirtschaftlichen Fahrweise wechselt der Farbton zu grün, eine rote Beleuchtung signalisiert, dass sich der CR-Z im Sport-Programm befindet.

Infiniti G 35 Coupé

1989 stellte Nissan auf der Motor
Show in Detroit seine Edelmarke
Infiniti vor. Unter diesem Label
sollten von nun an ein paar
besonders hochwertige Baureihen
vermarktet werden – zuerst in
Amerika und seit 2008 auch auf
dem europäischen Markt. Die anfänglich nur aus Limousinen
bestehende Modellpalette wurde 2002 durch ein Coupé, den
G 35, ergänzt.

Hubraum/Zylinder: 3498 ccm/6 Zyl.
PS/kW: 298/219
Bauzeit: 2002–2006
Stückzahl: –

Lexus SC 430

Um eine neue Baureihe hochwertiger Luxusmodelle angemessen auf dem Markt – vor allem auf dem amerikanischen – platzieren zu können, gründete Toyota in den 1980er Jahren die hauseigene Marke „Lexus". Neben diversen

Hubraum/Zylinder: 4293 ccm/8 Zyl.
PS/kW: 286/211
Bauzeit: 2001–2005
Stückzahl: –

Limousinen zeigte man 1999 den Prototyp eines Cabriolets mit klappbarem Blechdach – zwei Jahre später ging die Studie als SC 430 in Serie.

Lexus LFA Nürburgring Performance

Laut einer im Frühjahr 2010 heraus-
gegebenen Pressemitteilung wollte
Lexus ab Dezember 2010 nur 500
Einheiten des neuen Supersport-
wagens Lexus LFA produzieren.
50 dieser Fahrzeuge konnten auf
Wunsch mit dem sogenannten

Hubraum/Zylinder: 4800 ccm/10 Z.	
PS/kW: 570/419	
Bauzeit: 2011	
Stückzahl: 50	

„Nürburgring Performance-Paket" ausgestattet werden: Ein
größerer Frontspoiler, finnenartige Seitenspoiler und ein
fester Heckflügel verstärken den Anpressdruck bei hohen
Geschwindigkeiten und dürften all jene begeistern, die ihren
Wagen vor allem im Wettbewerbssport bewegen möchten.

Mazda RX-8

Der RX-8 ist ein ganz besonderes Auto, denn einen viertürigen Sportwagen mit Kreiskolbenmotor gab es in der Automobilgeschichte noch nie. Von den vier Türen öffnen sich die beiden kleinen hinteren gegenläufig zur Fahrtrichtung, und durch den Verzicht auf die B-Säule ergibt sich beim Einsteigen ein Komfort, den man bei einem Sportwagen nicht erwarten würde.

Hubraum/Zylinder: 2 × 654 ccm
PS/kW: 192/141
Bauzeit: 2002–2009
Stückzahl: –

Mazda MX-5

Auch in der dritten Auflage wurde das Design des MX-5 nur behutsam verändert. Von den Klappscheinwerfern hat sich der kleine Sportler bereits in der zweiten Auflage verabschiedet, aber die Frontpartie musste sich abermals einem Facelifting beugen. Die leicht gewachsenen Maße des Wagens bewirken in Verbindung mit markant geformten Radläufen einen stattlicheren Auftritt.

Hubraum/Zylinder: 1798 ccm/4 Zyl.
PS/kW: 126/93
Bauzeit: ab 2006
Stückzahl: –

Nissan 350 Z Coupé

Die erste Studie des 350 Z stand 1999 auf der Detroit Motor Show. Sie erweckte die gewünschte Aufmerksamkeit, wurde aber – weil als zu retrolastig empfunden – wieder verworfen. Mit Unterstützung des Nissan-Präsidenten Carlos Ghosn machten sich im Anschluss daran Nissan-Designstudios in Japan, Deutschland und den USA an den internen Wettstreit um den endgültigen Entwurf.

Hubraum/Zylinder: 3498 ccm/6 Zyl.
PS/kW: 280/206
Bauzeit: 2002–2009
Stückzahl: –

Nissan 370 Z Roadster

Die Tradition der Nissan-Z-Baureihe begann bereits in den
1970er Jahren, als Nissan noch
Datsun hieß. Im Vergleich zu den
frühen Z-Modellen (6 Zylinder,
Spitze ca. 198 km/h) profitiert die
aktuelle Generation – der 370 Z

> **Hubraum/Zylinder:** 3696 ccm/6 Zyl.
> **PS/kW:** 328/241
> **Bauzeit:** ab 2010
> **Stückzahl:** –

Roadster – von deutlich mehr Power. Er beschleunigt in
5,5 Sekunden von null auf 100 km/h und wird erst bei einer
Höchstgeschwindigkeit von 250 km/h elektronisch abgeregelt. Wer den luxuriösen Roadster offen genießen will, muss
nur 20 Sekunden warten, bis sich das Verdeck elektrisch
unter den beiden aerodynamischen Höckern versenkt hat.

Subaru Impreza WRX STi

Subaru zeigt, dass es möglich ist, aus einer Limousine ein Sportgerät zu machen. Herzstück des Viertürers ist ein Boxermotor. Das 2,5-Liter-Aggregat stand bei Markteinführung in den drei Leistungsstufen 230 PS, 280 PS und 320 PS

Hubraum/Zylinder: 2457 ccm/4 Zyl.	
PS/kW: 230/169	
Bauzeit: 2002–2007	
Stückzahl: –	

zur Wahl – letzterer Ausführung wird per Turbolader auf die Sprünge geholfen. Der Power entsprechend liegt die Höchstgeschwindigkeit des WRX zwischen 230 km/h und 255 km/h.

Toyota MR 2 Competition

Zum Start in die Motorsport-Saison 2002 brachte Toyota eine exklusive und limitierte Sportedition des MR 2 auf den Markt – den MR 2 Competition. Basierend auf dem Serienmodell unterscheidet sich das ausschließlich in „Vul-canorot" lieferbare Sportmodell durch diverse weiße Designapplikationen auf der Haube und an den Seitenteilen.

Hubraum/Zylinder: 1794 ccm/4 Zyl.
PS/kW: 140/103
Bauzeit: 2002
Stückzahl: 100

Autor und Verlag danken allen, die zum Gelingen dieses Werkes beigetragen haben. Ein ganz besonderes Dankeschön gilt allen Oldtimerbesitzern, die ihren Sportwagen für Fotozwecke zur Verfügung stellten. Außerdem leisteten die Pressestellen der Automobilindustrie einen wertvollen Beitrag – ohne deren Geduld und Unterstützung bei der Suche nach Bildmaterial hätten einige Seiten nicht gefüllt werden können. Hans G. Isenberg aus Fellbach steuerte neben historischem Fotomaterial auch viele wertvolle Tipps bei und last but not least engagierten sich die Herren G. Müller-Brunke (Engelsberg) und A. Glasenapp (Gütersloh) mit exzellenten Bildvorlagen.